Er Tong
Cheng Zhang
Bi Du jing Dian

儿童成长必读经典

动物世界大百科

感受动物的神奇魅力，
关怀动物朋友，爱护我们共同的美好家园。

李翔 编

吉林出版集团股份有限公司 | 全国百佳图书出版单位

前言

自从地球孕育了生命，各种各样的生物在这个神奇的星球上繁衍生息。几亿年过去，地球上日益生机勃勃，动物更是成为自然界的主角之一。从浩瀚的海洋到广阔的天空，从苍翠的草原到荒芜的沙漠，从烈日炎炎的非洲到冰雪覆盖的南极……到处都有动物的踪迹，我们共同谱写着一曲美妙的生命之歌。

本书就像一扇通往动物世界的大门，这里有从低等到高等、从简单到复杂的近百种动物。这些动物都是各自家族的典型代表，翻看有关它们特点、习性、趣闻等方面的生动介绍，就仿佛走进了动物博物馆。

本书编排科学、体例严谨，文字通俗易懂、生动有趣，所配动物图片鲜活清晰，有助于加强孩子对知识的理解。

我们希望通过本书帮助孩子开阔视野、增长知识，使他们真正体验游遍“动物世界”的快乐。

目录

无脊椎动物

腔肠动物

棘皮动物

环节动物

软体动物

节肢动物

脊椎动物

鱼类

两栖动物

爬行动物

鸟类

目录

动物

无脊椎动物

无脊椎动物的体内既没有脊椎，也没有硬质的骨骼。不过，其中有些动物的体外长有骨骼。昆虫、蚯蚓和许多海洋动物，比如水母、海星等都是无脊椎动物。

腔肠动物

腔肠动物的身体中央生有空囊，触手上面长有刺细胞，十分敏感。

环节动物

环节动物身体长而柔软，由许多环节构成，表面长有像玻璃一样的薄膜。

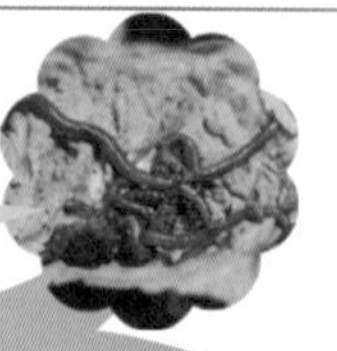

棘皮动物

棘皮动物长有多刺的外皮，几乎全部生活在海底。

软体动物

软体动物身体柔软，大多有一个外壳或部分外壳的残余物。

脊椎动物

脊椎动物最显著的特征是体内有脊椎，还有连接肌肉、四肢和大脑的骨架。内部复杂的骨架使脊椎动物可以长得很大，而且适应性强。哺乳动物、鸟类、爬行动物和鱼类都是脊椎动物。

鱼类

鱼类生活在水中，它们有鳞和鳍，用鳃在水下呼吸。

爬行动物

爬行动物是卵生动物，它们长着覆有鳞片的坚硬皮肤。

鸟类

鸟的身上长有浓密的羽毛，鸟利用它们来飞行和保暖。

两栖动物

两栖动物皮肤光滑，在水中出生，成年后大部分时间在陆地生活。

动物的进化

从单细胞到多细胞、从水生到陆生、从简单到复杂……动物经历了漫长的进化，才变成今天的样子。其中最关键的一个环节就是脊椎动物完成了从水生到陆生、从变温到恒温、从卵生到胎生的转变。

动物是怎么变成今天的样子的？

27 亿年以前，单细胞动物开始出现，它是一种圆筒形、只有一个细胞的原始生物。

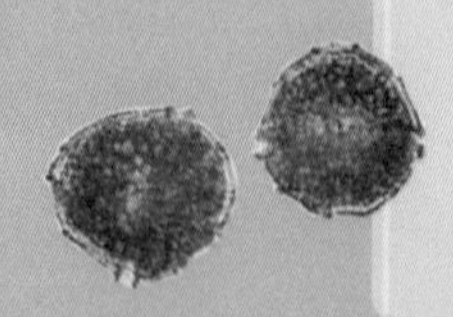

6.5 亿年前，多细胞动物开始出现。其形体被分开后可以重新组织，继续生存。

动物大家族

从大老虎到小白兔，再到肉眼根本看不见的小虫子，动物的形体结构千差万别，但都是由细胞构成的。所有的动物都有一个共同点——食用其他生物。它们或者吃动物，或者吃植物，或者两者都吃。而且，它们都有感觉器官，都有协调身体的神经系统，都有便于活动的肌肉。除了个别海洋动物之外，几乎所有的动物都能自主移动。

节肢动物

节肢动物的身体比较坚硬，长有外骨骼，具有分节的身体和有关节的步足。昆虫就是节肢动物。

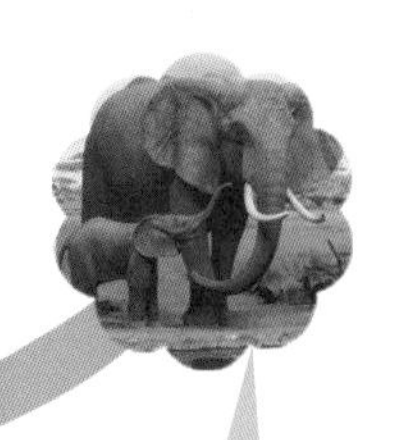

哺乳动物

多数哺乳动物长有皮毛，体温恒定，用乳汁哺育初生的幼仔。

为什么有的动物体温会变化，有的动物体温是恒定的？

变温动物没有恒定的体温，它们的体温会随着周围温度的变化而改变，它们冷了就会晒太阳，热了就会躲到阴凉的地方。爬行动物、两栖动物都是变温动物。恒温动物通过进食来摄取能量、产生热量，从而保持体温的恒定。绝大多数鸟类和哺乳动物都是恒温动物。

5.4 亿年前，无脊椎的有壳动物出现。后来，这些动物的壳逐渐退化。

4.9 亿年前，鱼类出现。它们是最古老的脊椎动物，几乎栖居于世界上所有的水生环境中。

3.5 亿年前，由鱼类进化而来的两栖动物出现。它们既能活跃于陆地，又能在水中游动。

3.1 亿年前，爬行动物出现。它们是脊椎动物，可以适应复杂多变的陆地生活环境。

2 亿年前，哺乳动物出现。它们大部分都是胎生，并用乳汁哺育后代。比如吴氏巨颅兽。

6000 万年前，灵长类动物出现。目前，灵长类动物是动物界最高等的类群。

珊瑚虫

在热带海洋的底部，常常可以看到一片片美丽的珊瑚礁，它们是由海底的“建筑师”——珊瑚虫建造的。

流浪的珊瑚虫

小珊瑚虫体表有纤毛，能协助游泳。它们到处漂游，四海为家。但是一旦碰到海岸边的岩石或者礁石，它们就会扎根生长，而且很多珊瑚虫会聚在一起生活，彼此连接，互相照应。

用手“抓”东西吃

珊瑚虫长得像一个胖乎乎的小口袋。口袋的顶部有口，口的四周长有触手，触手里面有刺丝囊，囊中有含毒液的刺细胞。这些触手是珊瑚虫防卫和捕食的武器。遇到浮游生物时，珊瑚虫就摆动触手，把它们抓来吃掉。

骨骼用处大

在生长过程中，珊瑚虫吸收海水中的钙和二氧化碳，然后分泌出石灰石，形成坚硬的骨骼，作为保护自己的外壳。这些骨骼大多呈树枝状，上面有白色的竖纹。

◐ 造岛工程师

每一个珊瑚虫单体只有米粒那么小，可是千千万万只珊瑚虫聚集在一起生活，同心协力不断地分泌出石灰质。它们死后，骨骼堆积起来，日积月累，就形成了比它们身体大无数倍的珊瑚礁。

大百科小贴士

- 珊瑚虫生活在热带的浅海里，生活条件非常讲究。
- 珊瑚礁可分为岸礁、环礁和堡礁等不同的类型。
- 珊瑚礁岛不仅是船舶停靠的好地方，也是热带鱼栖身的场所。

水母

海洋里生活着美丽透明的水母，它们像一个个降落伞似的悬浮在水中。游动的时候，它们优雅地摆动长长的触手，仿佛一群舞蹈家。别看它们的样子似乎弱不禁风，其实它们出现在地球上的时间比恐龙还要早呢。

洋流旅行团 >>>>>>

水母不擅长像其他动物那样有目的地移动，它们在多数情况下只是随波逐流。水母通常随着洋流在海中漂荡，它们就像游客一样成群结队地浏览着沿途的风光。只不过洋流太急，没停一会儿，就把它们推到下一个景点去了。

柔软的“小伞” >>>>>>

水母全身柔软，没有骨骼，身体像一把透明的伞。“伞”的直径有长有短，长的可以达到2米。“伞”下面是一圈肌肉，随着肌肉不

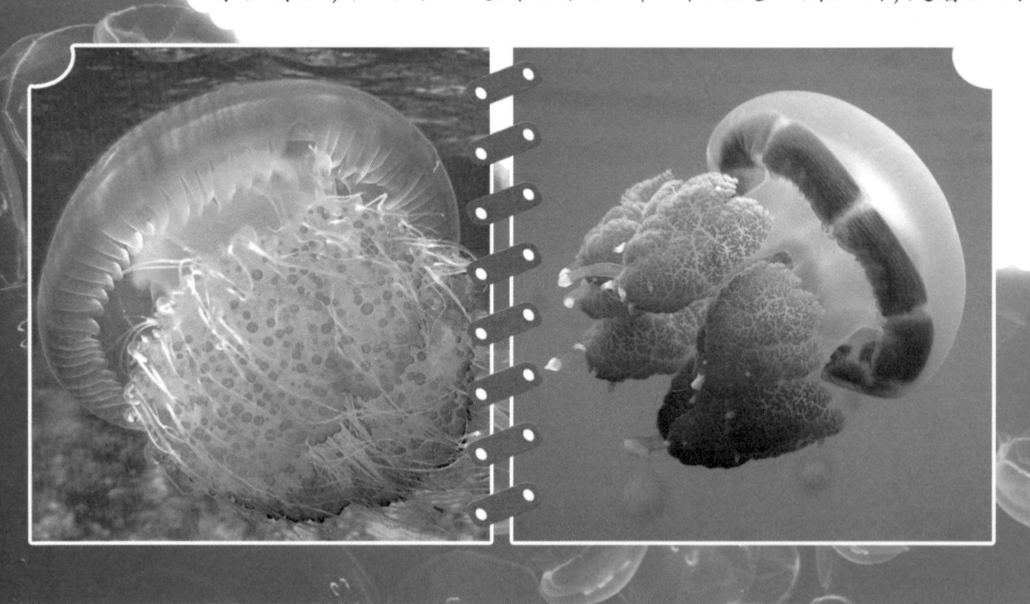

断收缩，水母就会向着身体轴心的方向游动。

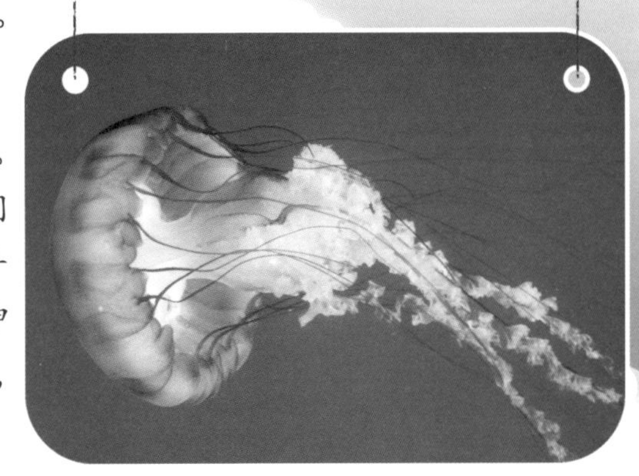

◐ 有毒的触手 >>>>>>

水母看起来美丽柔弱，其实十分凶猛。在伞状的身体下面，那些细长的触手是它们的消化器官，也是它们的武器。水母的触手上布满了无数含毒的刺细胞，可释放含有神经毒素的毒液。如果在海里遇见这些水母，千万不要碰触，否则会被蜇伤。

◐ 一闪一闪亮晶晶 >>>>>>

在深海，一些水母靠体内的一种蛋白质和钙离子混合，发出蓝色的光，就像精灵一样在漆黑的海底闪烁、跳跃。比如带水母的身体周围和中间部分，分布着几条呈淡紫色的平行光带，当它们游动的时候，光带随波摇曳，非常优美，因此被称为“爱神的腰带”。

大百科小贴士

- 水母的天敌是海龟。
- 即使水母死去，或者触手与身体分离，仍可释放毒液。
- 箱水母的毒性比眼镜蛇还厉害。

海葵

海底有许多盛开的“葵花”，每朵“葵花”上都有许多不停摆动的“花瓣”。其实，它们并不是真正的葵花，而是一种生活在海底的动物——海葵。

“开花”的动物

海葵的身体是圆柱形的，利用底部的吸盘牢牢地吸在海底的岩石上。上方圆盘一样的嘴四周长满柔软的触手，触手颜色各异，好像绽放的葵花。

共生好旅伴

海葵还会依附在寄居蟹的螺壳上，这样它们双方都能得到好处。寄居蟹喜欢在海中四处游荡，不会走路的海葵就可以随着寄居蟹四处“旅行”。对寄居蟹来说，海葵分泌的毒液能杀死寄居蟹的天敌。

◐ 用手"抓"东西吃

海葵以水生动物为食，它们摆动美丽的触手，向那些没有经验的小鱼招手，引诱它们靠近。当海葵的触手够得到身边的小鱼时，就会毫不留情地捉住它们，然后吃掉。

◐ 海葵的毒刺

海葵的身体和触手上长满了有毒的倒刺，倒刺一旦受到刺激，就会迅速刺中对方并分泌毒液，让猎物麻痹。海葵就是用这种办法自卫或者捕食。但是仍有包括小丑鱼在内的十几种小动物能与海葵和平地生活在一起。

大百科小贴士

- 海葵可以移动，但是移动得极其缓慢，有时几天都保持原地不动。
- 有的海葵被切成几片后，每片都能够再生成一个完整的身体。
- 海葵是世界上最长寿的海洋动物，寿命长达 1500~2000 岁。

海星

海星色彩鲜艳，一般长着5条触腕，就像美丽的星星一样散布在海洋里。它们喜欢平静的生活，通常出现在近岸海域的深水层。

奇特的身体构造

海星的嘴位于身体的底部，触腕的中央，而肛门却长在身体的上部。海星的每条触腕上都长着眼点，不过这些眼点并不能看清物体，只能分辨出光线的明暗。有些海星的触腕多达四五十条。

能吐出来的胃

海星主要捕食行动迟缓的贝类、海胆、海葵和珊瑚虫等。它们抓住食物后，先把胃从嘴里吐出来，这样胃囊便能包裹住食物进行消化。一顿美餐之后，海星再把胃收回体内。

中空的触腕

海星的触腕是中空的，每条触腕下有许多吸盘状的管足，里面充满液体。当海星吸附到岩礁上时，便会将管足里的液体排到专门的囊中，使管足内部形成真空，从而吸附得更加牢固。

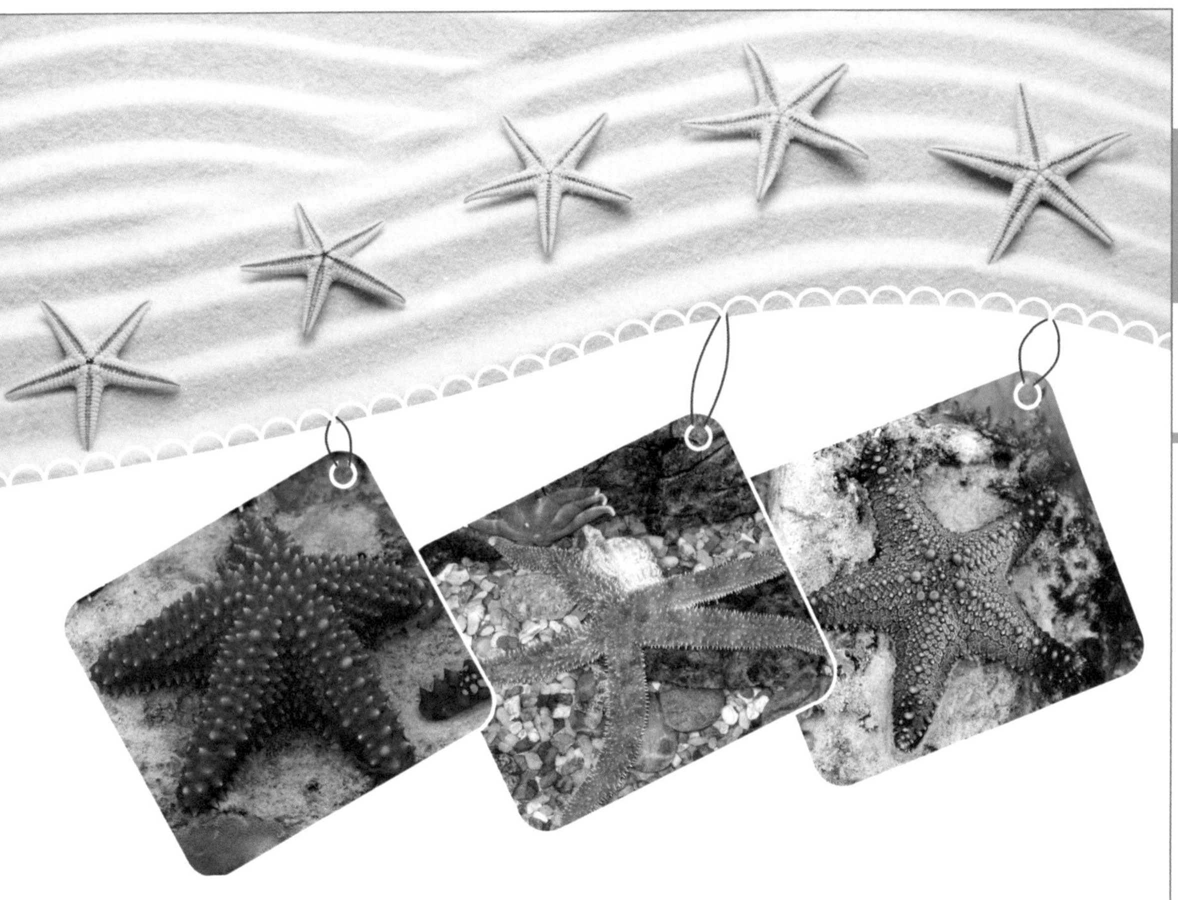

◐ 浑身都是“监视器” >>>>>>

海星的棘皮上长着许多微晶体，每个微晶体都相当于一个透镜。这些透镜就像一双双敏锐的眼睛，能帮助海星同时收集来自各个方向的信息。因此海星虽然没有真正的眼睛，但周围的蛛丝马迹尽在它们的监视之下。

大百科小贴士

- 海星有很强的再生能力，只要中心没受伤，就算只剩一条触腕，也可以再长齐。
- 中美洲西海岸的一种海星触腕数量可达 50 条。
- 海星是一种贪婪的食肉动物，一天能吃掉十几只扇贝。

蚯蚓

蚯蚓是一种环节动物，它们的表皮是半透明的，我们可以看到红色的血液在血管中流动。它们喜欢在地下钻洞，所以被人们称作“地龙”。《物种起源》的作者，著名的博物学家查尔斯·达尔文曾指出，蚯蚓是进化史上最重要的动物类群。

土壤的好帮手

蚯蚓没有腿，但它们的体表有许多细小的刚毛，这些刚毛能帮助蚯蚓在土壤中运动。蚯蚓以土壤中的腐殖质、动物粪便、土壤细菌和真菌等为食，所以它们常在地下钻来钻去，疏松土壤，使水分和肥料进入土壤深处，有利于庄稼生长。

粪便用处大

蚯蚓的消化能力非常惊人，被它们吃下去的东西都会变废为宝，它们的粪便是一种高质量的有机肥。所以现在许多城市的垃圾场都采用放养蚯蚓的方法来处理垃圾。而且，蚯蚓的粪便还可以把大气中的臭气分解为无毒无味的气体。

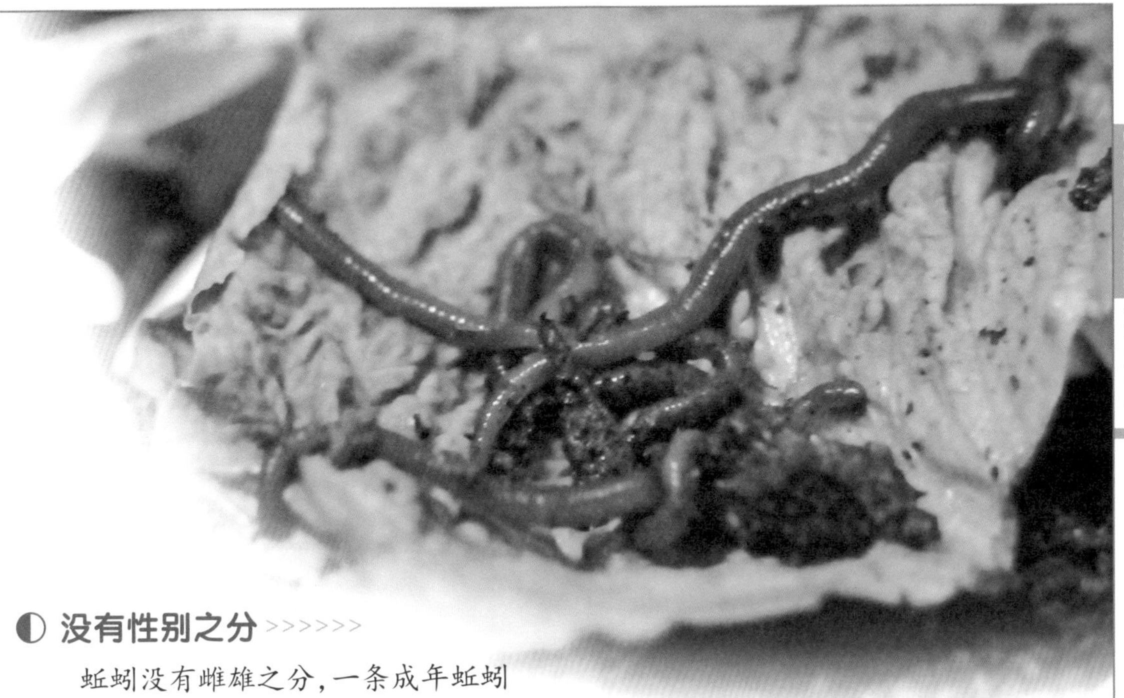

◐ 没有性别之分

蚯蚓没有雌雄之分，一条成年蚯蚓身上同时长有雌雄两种生殖器官。春天，蚯蚓开始大量地繁殖后代。蚯蚓将宝宝排到蚓茧中，然后慢慢地将蚓茧剥离，小蚯蚓两三周以后就会破茧而出。

◐ 可以再生的蚯蚓

蚯蚓的再生能力特别强。当它们被截为两段后，断面上的肌肉会加强收缩，并形成新的细胞团，从而使伤口快速闭合。缺头的部分可以再长出脑袋，断了的尾巴也可以再生出来。即便没有头也没有尾，两边也能再长出来，只不过没有口腔无法进食，可能还没长全就饿死了。

大百科小贴士

- 蚯蚓的心脏不止一个，而是有四五个。
- 蚯蚓没有肺，它们通过皮肤吸收氧气。
- 不同种类的蚯蚓，再生能力也不同。

蜗牛

蜗牛是陆地上最常见的软体动物，它背上的壳是它用来保护自己的“房子”。遇到危险时，蜗牛会缩进壳里，躲过侵扰。

用“肚子”走路

蜗牛属于软体动物，所以它的身体十分柔软。它的“肚子”可以用来走路，有着十分有力的“腹足”，并且可以分泌黏液。这些黏液既可以让蜗牛行走自如，又能保护腹足，防止其他昆虫侵害，因此蜗牛走过的地方总是留下一条黏糊糊的液体痕迹。

蜗牛的触角

蜗牛爬行的时候才把头和腹足伸到壳外。它的头上有两对触角，一对长一对短。长触角上的两个黑点是眼睛，虽然它的视力不太好，但它更喜欢夜间行动，而且更依赖嗅觉和触觉感知周围的情况。所以，它的触角可是非常重要的呀！

应对寒暑有绝招

在寒冷的冬天，蜗牛通过冬眠来抵抗严寒；在干旱的季节，蜗牛也会缩到壳里来适应残酷的环境。休眠的时候，蜗牛会分泌黏液，形成一层硬硬的薄膜，封住壳底的口，防止水分流失。

害虫蜗牛

别看蜗牛的样子柔柔弱弱的好像无害，实际上它专吃植物的嫩叶，对人类来说是害虫。生长中的蔬菜和水果遭到蜗牛的破坏，就会烂掉。

大百科小贴士

- 美国科学家发现，一些蜗牛能用足腺分泌的黏液制造气泡筏，然后借助气泡筏在海水中“冲浪”。
- 蜗牛是牙齿最多的动物，针尖大的嘴巴里长满了小小的牙齿，但这些牙齿更像碾子，不能用来咀嚼，只能帮助磨碎食物。
- 蜗牛是一种高蛋白、低脂肪、低胆固醇的上等食材。

章鱼

章鱼是生活在海里的软体动物。它舞动长长的腕足，两三下就能把猎物缠住，塞进身体下面的口中。在受到威胁时，章鱼会喷射墨汁，其中含有能麻痹天敌的物质，一般的海洋动物都不敢轻易挑战它。

有头有脑的机灵鬼

章鱼的体形有大有小，小的体长只有几厘米，最大的体长可达9米多。有人认为章鱼的头很大，其实所谓的“头”大部分是它的身体，里面藏有鳃、胃、肝、肾和墨囊等器官。章鱼真正的头长在眼睛附近。章鱼被认为是最聪明的无脊椎动物，它不仅具备大脑记忆系统，全身上下还有上亿个神经元，这让它的思维能力超过一般动物。

敏捷的章鱼

章鱼的腹侧有一个漏斗，里面常装满水。遇到紧急情况时，章鱼就把水从漏斗中猛烈地喷出去，借水喷出时所产

生的反作用力向后方冲出很远，所以它的行动十分敏捷。

◐ 逃跑能手 >>>>>>>

章鱼的眼睛很大，总是瞪得圆溜溜的。它的腕足也是触觉器官，十分灵敏，用以探察外界的动向。一旦有东西轻微地碰到章鱼的腕足，它就会飞快地逃跑。

◐ 自卫的武器 >>>>>>>

章鱼能够变色，迷惑敌人，从而在敌人的眼皮底下溜走。它还长有一个墨囊，能喷射墨汁攻击敌人，保护自己。如果遇到了强敌，章鱼还会自断一条腕足，把它留给敌人，自己则逃之夭夭，过不了几天新的腕足就能长出来了。

大百科小贴士

- 章鱼用长长的腕足在海底漫步。
- 章鱼的每条腕足上面都有两排吸盘。
- 章鱼的吸盘周围有牙齿一样的突起。

乌贼

乌贼是软体动物，它的肚子里装满了墨汁，因此也叫“墨斗鱼”。乌贼的头两边是两只大大的眼睛，嘴周围长着10条腕足。

谁的脚长在头上啊？

乌贼主要以虾、蟹和小鱼为食。它的身体分为头、足和躯干三个部分。在它头前的嘴巴周围长着10条腕足，上面长有吸盘。一部分吸盘位于头和躯干之间的腹面，形成漏斗，这是乌贼的主要运动器官。

独特的游泳方式

乌贼的游泳方式很独特。游动时，它腕足下面的漏斗会喷出水流，于是它就可以像火箭一样飞速前进了，有的乌贼游动速度甚至能达到每小时150千米。

◐ 庞大的家族

乌贼家族大约由350种乌贼组成，各成员之间的差别很大。体形最大的大王乌贼长达20多米，就连巨大的鲸也拿它没办法。最小的雏乌贼和一粒花生米差不多大小。荧光乌贼能发出明亮的光，吓跑掠食者。

◐ 肚子里有的是墨水

乌贼肚子里的墨汁可以用来保护自己。一旦有凶猛的敌人来袭，乌贼就会从墨囊里喷出墨汁，把海水染成黑色，模糊敌人的视线，含有毒素的墨汁还能麻醉敌人。在黑色烟幕的掩护下，乌贼便能逃之夭夭了。

大百科小贴士

- 乌贼的口腔长在头顶上，里面有能切碎食物的颚片和齿舌。
- 只有玛瑙乌贼会照顾后代。
- 乌贼喷出的墨汁经过加工后，可成为一种名贵的中药材，作止血剂用。

虾

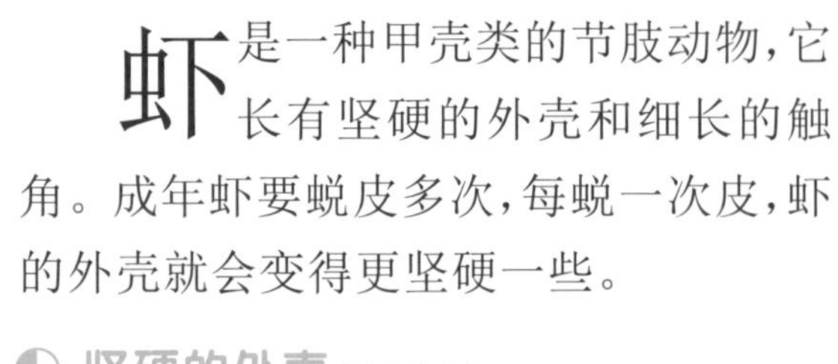

虾是一种甲壳类的节肢动物，它长有坚硬的外壳和细长的触角。成年虾要蜕皮多次，每蜕一次皮，虾的外壳就会变得更坚硬一些。

坚硬的外壳

虾身上坚硬的外壳是像盔甲一样的外骨骼，能起到支撑和保护身体的作用。它的血液是无色的液体，与空气发生作用后，血液会变成淡淡的蓝色。

美味大龙虾

龙虾的尾巴像扇子一样，它喜欢生活在礁石的夹层中。吃东西的时候，龙虾的两个前足按住食物，嘴边4条好像餐刀一样的附肢把食物分割后送进嘴里。对人类来说，龙虾肉质鲜嫩，具有很高的营养价值。

◐ 聪明的螳螂虾 >>>>>>

螳螂虾的一对掠肢像螳螂的前肢一样，它常在夜晚埋伏在海底捕食。一旦猎物靠近，便迅速伸出掠肢，“咔嚓”一声将猎物夹断。它还会从远处搬来沙石，在洞穴旁修建迷宫一样的通道，让猎物自投罗网。

◐ 会发光的磷虾 >>>>>>

磷虾主要生活在南极大陆周围的海洋中。它的胸部和腹部都有球状发光器，可以发出磷光。磷虾集体洄游时，海水也为之变色，白天海面呈现一片浅褐色，夜里则出现一片荧光。

大百科小贴士

- 虾肉的蛋白质含量很高，比鱼、蛋、奶等都要高很多。
- 虾的触须比身体长两倍，能感知周围水体的情况，辨别危险。
- 对虾其实并非成对生活，只是人们把它们成对出售而已。

螃蟹

螃蟹也是甲壳类的节肢动物。它的螯比虾的大，像钳子一样有力。它的样子十分威武，所以人们又叫它“横行将军”。

螃蟹为什么横行

螃蟹的头部和胸部合称为头胸部。螃蟹的5对腿长在身体两侧，第一对叫螯足，其余都是步足，用来走路。每只步足的关节只能上下活动，而且大多数螃蟹头胸部的宽度大于长度，更有利于横行，所以很多螃蟹便横着走路了。也有少部分螃蟹是直着走的，比如和尚蟹。

忙碌的招潮蟹

海边有一种招潮蟹，它们的两只螯长得很不对称，一只又粗又大，另一只又细又小。退潮时，许多招潮蟹会在沙滩上跑来跑去，忙忙碌碌地找东西吃。涨潮时，招潮蟹会迅速钻进沙滩的洞穴中。

◐ 寄居蟹>>>>>>

寄居蟹长得和螃蟹不太一样，它住在空的海螺壳中，这个海螺壳就是它的“房子”。寄居蟹钻进壳里，盘曲在里边，再用尾巴钩住螺壳，大螯挡住门口。当寄居蟹长大，原来的“房子”不够住的时候，它就会把这个“房子”扔掉，再找一个大一些的来住。

◐ 椰子蟹>>>>>>

每当夜幕降临时，椰子蟹就从洞穴中爬出来，爬到椰子树上去吃甜美的椰子肉。它的螯非常有力气，能帮助它轻松地爬到树顶，剪下椰子，凿开椰壳。当然，要是有掉在地上的椰子对它来说就更棒了。

大百科小贴士

- 招潮蟹住在很深的洞里，觅食时，它会高高竖起眼柄，观察周围的动静。
- 螃蟹一般以腐殖质和小型低等动物为食，是海滩上的“清洁工”。
- 螃蟹的背上通常长着海生植物，有利于伪装。

蜘蛛

蜘蛛的身体一般呈圆形或椭圆形，分为头胸部和腹部。小小的头和膨大的腹部以腹柄相连，头胸部共有4对步足、一对螯肢，还有一对触须。

蜘蛛的丝

蜘蛛的腹部后端生有3对纺织器，每个纺织器上都有一个圆柱形的突起，上面有许多开口、导管与丝腺相连，丝腺能产生多种不同的丝线。丝线是一种骨蛋白，在体内为液体，一旦遇到空气立即凝结为有黏性的丝。

织网是个技术活

蜘蛛织网的速度很快，而且蛛网的黏性非常强。但你不用担心蜘蛛会把自己粘

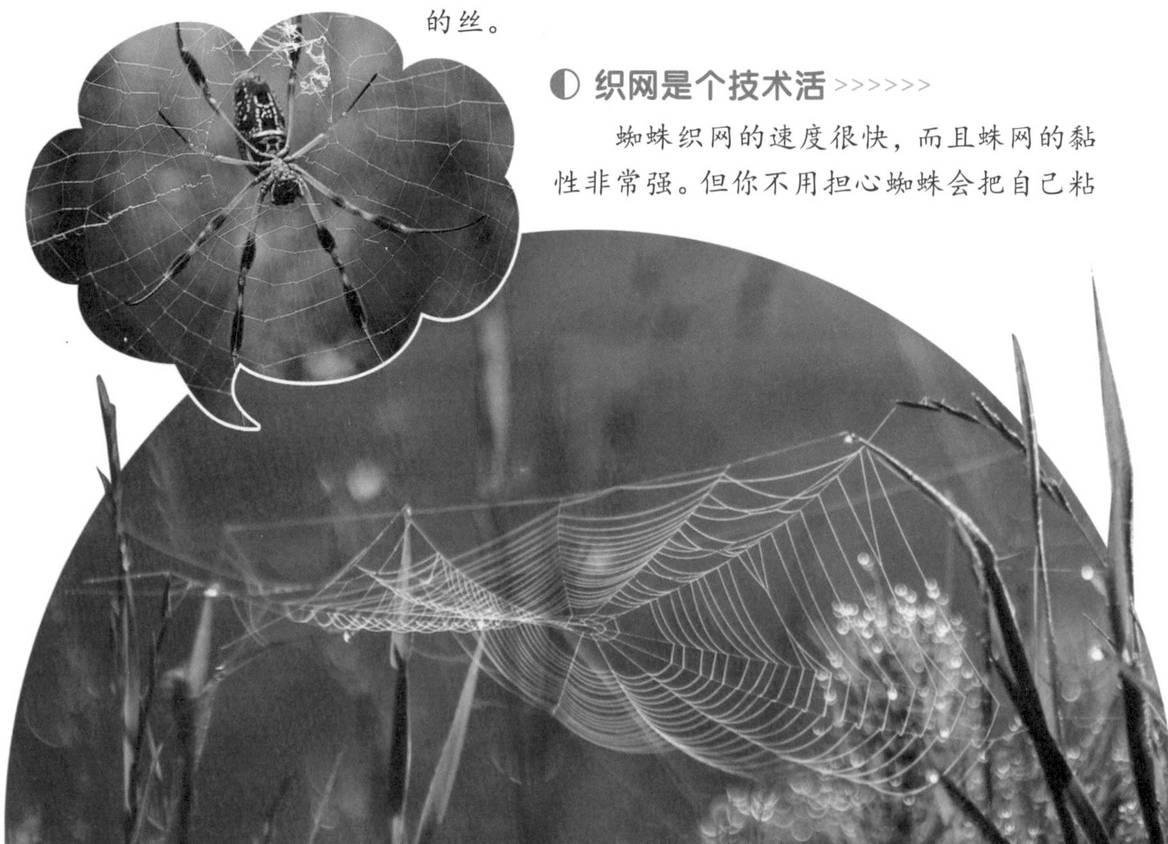

在网上，因为蜘蛛身上有一层润滑剂，所以它能在自己织的网上行动自如。蜘蛛能根据不同环境编织不同的蛛网。有的蛛网是圆形的，有的是三角形的，还有的是漏斗状的。

蜘蛛是个“近视眼”

蜘蛛的视力很差，几乎看不见什么东西。但它可以感受蛛网的振动，并根据振动准确地判断网上猎物的大小、位置和状态。

气象预报员

蜘蛛在下雨前会织竖网，因为下雨会将横网打湿。在下雨前气压变低，蜘蛛感到气压变化，就会赶快织一张竖网。人们便将这一现象作为判断天气的依据。

大百科小贴士

- 蜘蛛网上的纵丝没有黏性。
- 蛛丝的韧性是天然纤维中最强的。
- 狼蛛从不织网，但捕起食来十分凶猛。

蝎子

蝎子的躯干有许多节，双钳上的触须可以准确地感觉到猎物行动引起的空气流动。现在世界上已知的蝎子约有 1700 种，所有种类都有毒。

群居的蝎子

蝎子喜欢又湿又热的地方，常常在夜晚出来。它们大多数在固定的窝里群居。一个蝎子窝里面，无论雌雄、老少，所有的蝎子总能和睦相处。但如果不是同一窝蝎子，相遇后就会打得你死我活。

蝎子的尾巴

所有的蝎子都有毒，剧毒就藏在蝎子尾巴尖的毒刺里。尾刺位于身躯的最末一节，由一个球形的底和一个尖而弯曲的钩刺组成，从钩刺尖端的针眼状开口射出毒液。毒液由一对位于球形底部的卵圆形毒腺产生，借助肌肉的强烈收缩，由毒腺喷射出来。

◐ 蝎子带孩子 >>>>>>

雌蝎子一次能产 15~35 颗卵，卵在雌蝎子体内孵化，等到时机成熟才会排出来。卵排出几分钟后，小蝎子便会撑破卵壳爬出来。出生后的小蝎子会爬上妈妈的背，一直待到可以自己走路为止。

◐ 蝎子的作用 >>>>>>

蝎子的毒液是一种中药材。蝎毒可以止痛，还可用于治疗心血管疾病。

大百科小贴士

- 蝎子个头儿不大，但是攻击力很强，喜欢吃蜘蛛、蟋蟀。
- 4 亿多年以前蝎子就出现了，是现存最古老的陆地生物之一。
- 蝎子的嗅觉十分灵敏，对汽油、油漆等强烈气味会快速回避，刺激性气味甚至会导致蝎子死亡。

蜻蜓

蜻蜓的躯体比较细长，颜色通常很鲜艳，翅膀又长又窄，网状的翅脉十分清晰。雌性蜻蜓常在水面上盘旋，用腹部点击水面产卵。

蜻蜓的祖先

在2亿多年前的石炭纪，蜻蜓就已经出现了，甚至比恐龙出现的时间还要早。那时的蜻蜓长得非常大，一双翅膀加起来有70厘米长。不过随着岁月的变迁，蜻蜓变得越来越小，目前世界上最大的蜻蜓翼展也只有10厘米左右。

捉虫能手

蜻蜓一天到晚飞来飞去，四处寻找猎物。它们主要吃蚊子和苍蝇，是对人类有帮助的益虫。蜻蜓的视觉非常敏锐，科学家认为它们是视力最好的有翼昆虫。一旦看到猎物，蜻蜓会立刻进攻，并用长着小刺的脚把猎物钩住，然后吃掉。

◐ 巡逻的蜻蜓 >>>>>>

我们看到成年蜻蜓经常在池塘和小河边飞来飞去，那是它们在占领地盘。为了保住领地，雄蜻蜓会沿一定的路线来回飞行巡逻。如果其他蜻蜓入侵，就会被立即驱赶出去。

◐ 水中的小蜻蜓 >>>>>>

蜻蜓的幼虫叫水虿，生活在水里，用鳃呼吸。在成年以前，它们要在水中待很长时间。在这段时间里，小蜻蜓就以捕蚊子幼虫和小鱼为生。蜻蜓幼虫要经过几次蜕皮才能长出翅膀，过上飞行生活。

大百科小贴士

- 蜻蜓不但眼睛多，视力也很好，它们的复眼由两万多只小眼组成。
- 蜻蜓的翅膀十分有力，平均飞行时速可达 16 千米。
- 飞机设计师受到蜻蜓翅膀的启发，解决了飞机机翼颤振的问题。

螳螂

螳螂长着倒三角形的头，嘴巴很像鸟喙，有一对强有力的颚。它修长粗壮的前肢就像两把锋利的大刀，让对手望而生畏。

“大刀勇士”

螳螂的前胸细长，前肢是一对粗大的呈镰刀状的捕捉足，在腿节和胫节上生有钩状刺。平时，螳螂把两把“大刀”收缩在胸前，看起来好像正在祈祷一样。一旦发现猎物，它们便会挥舞着两把“大刀”勇猛出击。

捉虫能手

螳螂的颈部十分灵活，很多种类都能将头转动180°以窥视四周。它们突出的复眼由超过一万只小眼组成，视觉十分敏锐，可以盯住任何活动的目标，但看不见静止不动的食物，因此它们专捉活的虫子。螳螂有力的前足能在瞬间捕捉到正在飞行的小昆虫。

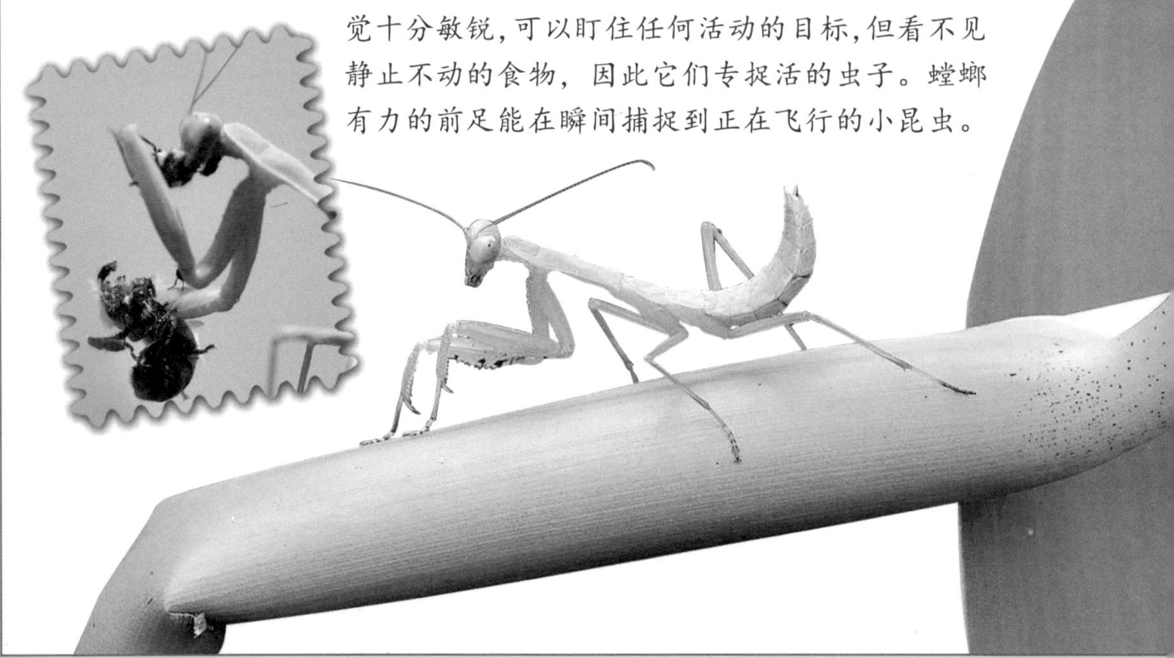

螳螂的保护色

螳螂能随着环境的改变而变换体色。夏天，它们和树叶、小草的颜色一样鲜绿。到了秋天，螳螂的体色会跟着周围的草木一起变为黄色或褐色。

吃掉配偶的螳螂

多数种类的螳螂都有“性食同类”的行为。交配时，雌螳螂会吃掉雄螳螂，但是这种现象多发生在雌螳螂十分饥饿的情况下。这是因为雌螳螂产卵需要大量的营养，但从小昆虫中获得的营养是远远不够的，所以才会把雄螳螂当作食物吃掉。有些聪明的雄螳螂会在交配时迅速跳到雌螳螂背上，交配完成后迅速逃走，从而免遭被吃掉的噩运。

大百科小贴士

- 有一些种类的螳螂有拟态能力，是十分厉害的“伪装大师”。
- 动物界还有许多种类同样存在“性食同类”的行为，比如“黑寡妇”蜘蛛。
- 螳螂的眼睛会随环境变色，白天是透明的，晚上变成深色的。

竹节虫

竹节虫是天生的“伪装大师”，论伪装技能，它可比螳螂强太多了。当它趴在树枝上时，看上去就像一段树枝，很难被天敌发现。

竹节虫的翅膀 >>>>>>

很多竹节虫没有翅膀。有翅膀的竹节虫翅膀的颜色非常亮丽。当它们飞起来时，那些突然闪动的彩色光芒会迷惑敌人。但这种彩光只是一闪而过，很快竹节虫就会落下，收起翅膀，然后隐藏在环境中，消失不见了。

能再生的腿 >>>>>>

一般情况下，伪装得很高明的竹节虫不会被敌人发现。一旦遭遇不幸，被敌人捉到，竹节虫会立刻挣断自己的腿逃脱。这是因为竹节虫的腿节与转节之间有缝隙，遇到敌人便很容易脱落。不过不用担心，过不了多久，它就能长出新的腿来。

改变颜色 >>>>>>

竹节虫能根据光线、湿度、温度改变体色，与周围环境融为一体。这样，竹节虫可以轻而易举地骗过敌人。

没有父亲的虫宝宝

有些雌竹节虫不需要与雄虫交配就能产卵，实现“孤雌生殖”。它们产卵的方式也很特别，一粒粒卵像小手榴弹一样散布在树枝上。这些卵到第二年春天才会孵化，幼小的竹节虫破卵而出后就以树叶为食，经过几次蜕皮后才会长大。

大百科小贴士

- 世界上最长的竹节虫体长超过了 60 厘米。
- 竹节虫脚的前面有弯弯的尖钩，方便它们在树枝和树叶上行走。
- 竹节虫受惊后落到地上，可以装死不动，然后伺机溜之大吉。

蝗虫

蝗虫就是我们通常说的“蚂蚱”。它们有一对大大的复眼，坚韧的前翅和强壮的后足。它们的上颚十分坚硬有力，经常啃食庄稼的根、茎、叶和果实，对农作物的危害很大。

跳高健将

蝗虫的身体明显地分成头部、胸部和腹部3部分。它们的胸部是运动中心，由3节组成，每节各有一双脚。因为后脚又长又强壮，所以它的弹跳能力非常强，是昆虫中的跳高健将。

大胃破坏王

蝗虫有很多种，它们大多是危害庄稼的害虫。一群饥饿的蝗虫能在一个小时内吃光一大片庄稼。即使刚刚孵出的蝗虫幼虫——蝗蝻，每天也能吃掉比自己重3倍的食物。

成群结队 >>>>>>

单个蝗虫很容易就会被蜥蜴、鸟类等捕食。然而，一旦它们结成铺天盖地的蝗虫群，就所向无敌了。蝗虫群所到之处，寸草不留，蝗灾带来的破坏实在令人触目惊心。

蝗虫的一生 >>>>>>

刚孵化出的蝗蝻呈白色，没有翅膀，很快它们就变成黑色，开始疯狂地觅食。青春期的蝗虫个头儿明显长大，翅膀形成，黑色的外壳逐渐变成黄绿色。

大百科小贴士

- 蝗虫的腿与翅膀摩擦，会发出声音。
- 蝗虫也会根据环境改变身体的颜色。
- 在日本，曾有人发现了一只粉色的蝗虫，这是由基因突变所致，十分罕见。

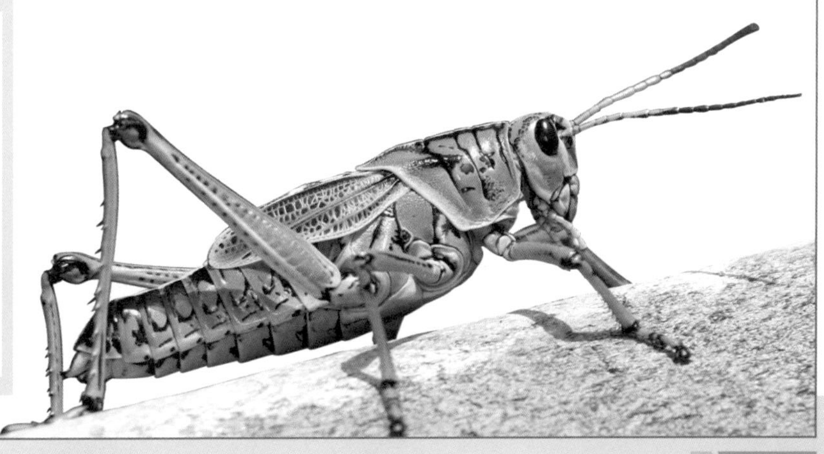

蝉

蝉的嘴又尖又长，能刺穿树皮，吸食里面的汁液。它的体形通常不大，身体两侧生有两对光滑、透明的大翅膀。

出色的音乐家

蝉的腹部两侧各长有一层发音膜，一对发音肌，空空的腹部就像一个共鸣箱。蝉在高声唱歌时，用肌肉扯动发音膜发出颤音，颤音通过“共鸣箱”后，就变得十分响亮了。但是雌蝉的发音器官构造不完全，因此不能发出鸣叫声。

婚礼进行曲

蝉为什么要唱歌呢？因为雄蝉要吸引雌蝉，举行“婚礼”，所以才会大声唱歌，而雌蝉是不会唱歌的。雄蝉在完成延续种族的任务后，就会死去。

长寿还是短命

蝉是世界上寿命最长的昆虫之一，可是它的一生差不多都在地下度过。蝉的幼虫要在地下生活2~6年。美洲有一种蝉，要在地下生活17年才能长大。可是成蝉只能在阳光下歌唱一个月就死去。

地下生活

蝉的幼虫孵化出来后会先待在树枝上，风把它们从树上吹掉到地上，它们便趁势钻进地里。成千上万的幼蝉住在地下，从树根吸取汁液。虽然没有阳光，但生活在地下的幼蝉可以躲过鸟类的捕食，安全长大。

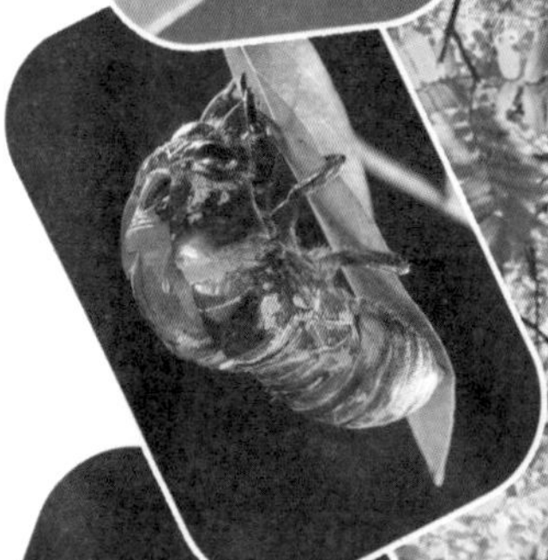

大百科小贴士

- 蝉也叫知了，因为它们总是"知了——知了——"地叫个不停。
- 蝉的复眼位于头的两侧，头顶还有3只小眼。
- 蝉的幼虫要经过多次蜕皮才能长大，蜕掉的皮可以制成一种中药。

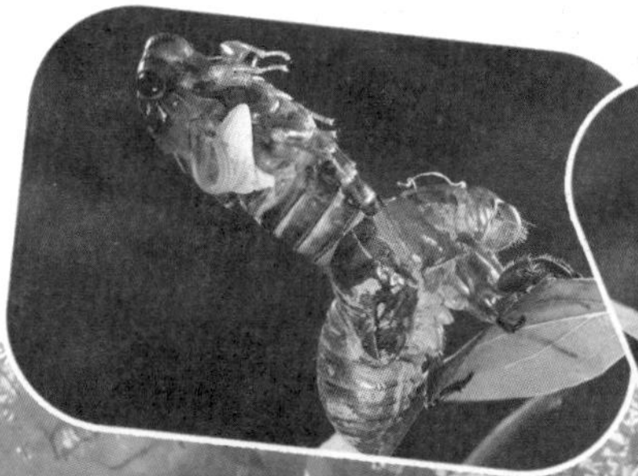

蝴蝶

蝴蝶种类繁多，大多生有颜色鲜艳的翅膀。它们的嘴是长管状的，可以伸入花中觅食，多以花蜜、水果和植物的汁液为食。

美丽的蝴蝶

蝴蝶是世界上最美丽的昆虫之一。蝴蝶的身上有一层细小的鳞状毛，看上去就像动物的毛皮。这些鳞状毛就像屋顶上的瓦片，在下小雨的时候还能像雨衣一样为它们提供保护。有的蝴蝶翅膀上还有各种美丽的图案。

蝴蝶的一生

蝴蝶从小到大要经过4次巨大的改变。开始蝴蝶只是一枚小小的虫卵，然后孵化成幼虫。冬天，幼虫会变成蛹。直到春暖花开，美丽的成虫才会破茧而出。

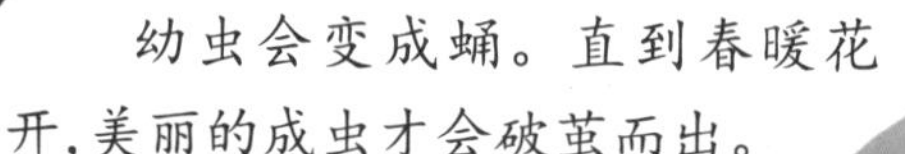

有害的幼虫 >>>>>>

我们平常见到的蝴蝶能传播花粉，是益虫。但当它还是幼虫的时候，会吃各种各样的植物，也会破坏人类的庄稼。例如菜粉蝶的幼虫菜青虫就是吃蔬菜的大害虫。

蝴蝶的迁徙 >>>>>>

蝴蝶虽小，翅膀也没有鸟类发达，却能飞到遥远的地方，寻找生存的机会。有些蝴蝶成群结队地横渡大洋，漫天遍野，浩浩荡荡，场面十分壮观。但是在飞行过程中，蝴蝶会伤亡惨重，活下来的蝴蝶到达目的地进行繁殖后不久也会死去。

大百科小贴士

- 亚历山大鸟翼凤蝶是世界上最大的蝴蝶，翅膀展开可超过 30 厘米。
- 小灰蝶是最小的蝴蝶，翅膀展开只有 1.3 厘米，生活在我国云南西双版纳的热带雨林中。
- 大部分蝴蝶的翅膀每秒只能振动 4~10 次，所以人类无法听到蝴蝶飞行的声音。

蜜蜂

蜜蜂的翅膀轻薄而透明，胸部多毛，腹部光滑，胸腹之间生有细细的“腰”，腹末通常长有蜇针。

蜜蜂的王国

在蜜蜂王国里，蜂后、雄蜂、工蜂分工明确，各司其职。它们中有采集花粉的，有取水的，有侦察保卫的，还有喂养小蜜蜂的。蜜蜂能够生产蜂蜜、蜂蜡、蜂浆、蜂胶、蜂花粉，这些都是广为人类所用的东西。

跳舞的蜜蜂

蜜蜂能飞到几千米以外的地方采蜜。当负责侦察的蜜蜂发现花蜜后，就吸上一点儿花粉，飞回来不停地跳舞。如果花蜜离家很近，侦察蜂就跳圆圈舞；如果花蜜离家很远，就跳“8”字舞。

◐ 蜜蜂采蜜忙

工蜂发现花蜜后，会停在花朵中央，伸出像管子一样的舌头，舌尖上还有一个“蜜钥”，舌头一伸一缩，花蜜就顺着舌头流到胃里的蜜囊中去了。它们吸完一朵再吸一朵，直到把蜜囊装满，肚子鼓起来为止。

◐ 酿制蜂蜜

采集花蜜如此辛苦，把花蜜酿成蜂蜜也不轻松。工蜂回巢后，采来的蜜汁先由小工蜂用口器接住，经过加工再存放在蜜房中。内勤蜂将花蜜吸入嗉中，用其中的弯褶张合酿蜜，将蜜汁中的蔗糖转化为果糖，同时蒸发水分，酿好的蜜全被存放在巢房中继续浓缩，经过 5~7 天，蜂蜜才算酿好了。

大百科小贴士

- 蜂巢里通常有 1 只蜂后、500~1500 只雄峰和几万只工蜂。
- 雄蜂唯一的任务就是与蜂后交配，交配完成后雄蜂就会死亡。
- 工蜂是家里的“顶梁柱”，负责外出采食、建造蜂房等。

独角仙

独角仙学名叫作双叉犀金龟，因为雄性独角仙头上有一只分叉的犄角。六条粗壮的大腿总是牢牢地抱住树枝，看起来像个爱摔跤的大力士。

昼伏夜出

独角仙白天躲在树干或泥土缝里，不容易被发现。黄昏降临以后，它们就陆续出来活动。所以在夜晚潮湿的树干上，或者腐烂的木头中最容易找到它们。

神勇的“大力士”

研究人员发现，有些种类的独角仙能举起相当于自身重量800倍的物体。它的大力气得益于独特的身体构造。它的肌肉长在外骨骼里面，这让它看上去很像科幻片中的机甲战士。

◐ 独角仙为什么喜欢摔跤 >>>>>>

独角仙摔跤是为了抢夺食物或占领地盘。摔跤时，它会充分利用头上特有的犄角。这尖尖的犄角能把敌人夹住，高高地举起来，然后摔得很远。独角仙的摔跤比赛有自己的规则，摔在地上就算输了，输了的一方便要自动离开。

◐ 不愿意出土 >>>>>>

独角仙一生要经过4个不同的时期。每年6月~8月，雌独角仙把卵产在腐烂的木头里。卵经过7~10天就可以孵化成幼虫，再变成蛹，到地下生长很长一段时间，就羽化成独角仙成虫。羽化后的成虫还会在地下待上一段时间，等下雨的时候才爬上地面。

大百科小贴士

- 独角仙是素食者，最喜欢的食物是杨树身上渗出的汁液。
- 很多人将独角仙作为宠物饲养，还有人捕捉独角仙制作成标本，使这种美丽的昆虫生存受到威胁。
- 独角仙的外壳可以随着空气的湿度改变颜色。

瓢虫

瓢虫常被人叫作“花大姐”，它圆鼓鼓的身体上有着不同的颜色和斑点。瓢虫背上有两层翅膀，上层是坚硬的外壳，下层是薄薄的翅膀。

害虫的天敌

大部分瓢虫能帮助人们防治害虫，是人类的朋友。瓢虫最喜欢吃的食物是害虫蚜虫，而且一见到它们就非吃光不可。特别是七星瓢虫，它的食量惊人，每天能吃100多只蚜虫，几乎是它身体重量的十多倍。

瓢虫的年龄

瓢虫身上的颜色不仅漂亮，还能显示出它的成长阶段。瓢虫刚刚变成成虫的时候，外壳是浅黄色或淡红色的，慢慢才显出黑色的斑纹。因此，观察瓢虫的颜色，我们就能知道谁大谁小了。

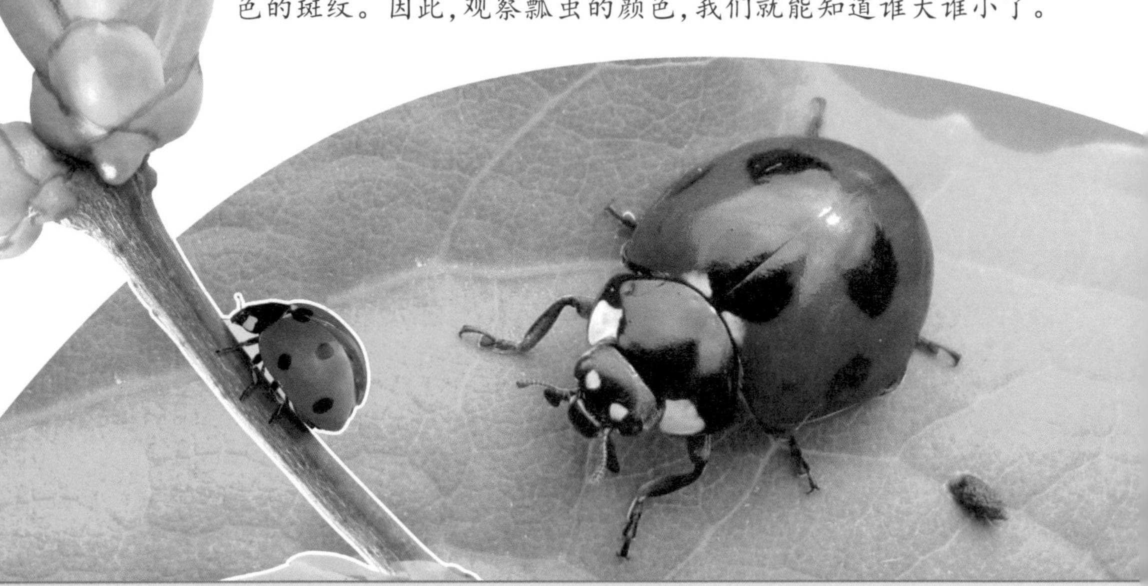

◐ 二十八星瓢虫 >>>>>>

在瓢虫家族中，斑点最多的要数二十八星瓢虫了。它的大小和七星瓢虫差不多，只是背上有28个黑斑点。不过它以马铃薯为食，是对人类有害的瓢虫。

◐ 七星瓢虫 >>>>>>

七星瓢虫色彩鲜艳，背上有7个黑点，它是蚜虫的死对头。有趣的是，七星瓢虫的数量会随着蚜虫的多少而变化。蚜虫多，七星瓢虫也多；蚜虫少，七星瓢虫也相应减少，好像专门为捕食蚜虫而生似的。

大百科小贴士

- 瓢虫的腿关节会分泌一种难闻的气体，所以鸟类不会吃它。
- 瓢虫最会装死，只要稍微碰一下它，它就缩回腿不动了。
- 夏天，瓢虫生活在不同的地方。冬天，它们会聚集到一起。

蚂蚁

蚂蚁和蜜蜂有一些共同点，比如在它的胸腹之间也生有细细的“腰”。而且蚂蚁也生活在一个组织性很强的大家庭中，一起工作，一起建筑巢穴。

蚂蚁大家庭

在蚂蚁的大家庭里，雄蚁与蚁后都有翅膀，它们最主要的任务就是繁衍后代；蚁后负责产卵，大部分卵长大后成为工蚁；工蚁都是雌蚁，它们负责建筑并保卫巢穴，照顾蚁后、蚁卵和幼虫，以及寻找食物。

灵敏的触角

不论什么时候，蚂蚁头上的两根触角总是不停地左右晃动，这是因为蚂蚁不会发出叫声，它们之间的交流完全依靠触角。触角上还长着灵敏的感受器，可以帮助蚂蚁分辨气味、传递信息等。蚂蚁就是通过这两根触角，时刻不停地接收外界信息。

各式各样的家

蚁巢有各种形式，大多建在地下，有隧道和小室，掘出的物质堆积在入口附近，形成小丘状，起保护作用。也有的蚂蚁用植物叶片、茎秆、叶柄等筑成纸样巢挂在树上或岩石间。还有的蚂蚁生活在朽木中。

举家大搬迁

生活环境对蚂蚁来说非常重要，所以当巢穴变得太潮湿时，它们就准备搬家了。特别是在大雨来临之前，蚂蚁会预感到大事不妙，成群结队地爬出来，浩浩荡荡地把家从低处搬到雨水淹不到的高处。

大百科小贴士

- 有的蚂蚁将自己的巢穴筑在别的蚂蚁的蚁巢之中或旁边，两“家”并不发生纠纷，能够做到和睦相处。
- 蚂蚁会在走过的路上留下一种特殊的气味，这样掉队的同伴就能根据气味追上大部队。
- 蚂蚁外出觅食的时候，能通过太阳的位置和四周的景物判断自己的方位，并快速找到回家的捷径。

虻

虻看上去就像特大号的苍蝇。它们飞行时“嗡嗡”作响，动作敏捷。虻喜欢聚集在牛或马的背上，吸食这些动物的血液。

进食方式

和蚊子一样，只有雌虻才吸血，雄虻只吸食花蜜。雌虻的上、下颚及口器又锋利又发达，它们会用这3件利器戳破动物的皮肤，吸食流出的血液，小型虻叮咬一次吸血量可达40毫克。

繁殖与孵化

虻喜欢聚集在温暖、湿润的地方，沼泽地、苇塘、水田附近的区域是它们生儿育女的理想环境。每到繁殖季节，虻便会把卵集中产在水中植物的叶片上，幼虫一孵化便掉入水中，在水下生活，待到化蛹时才游到岸边。

◐ 牛虻 >>>>>>

牛虻长着大大的复眼，身体散发着金属光泽，看起来非常强壮。成虫在白天活动，中午是它们活动的高峰时间。雌虻的口器极其锋利，能穿透坚韧的牛皮吸取血液。当它们找到寄主后，只需几分钟就能吸饱肚皮。

◐ 花虻 >>>>>>

花虻的外表和蜜蜂很像，但是它们没有螯针，不会叮人。花虻成虫的主要食物是花蜜，它们在花间取食的时候，能扬起花粉，而自己身上也会沾上花粉，从而成为植物授粉的好帮手。

大百科小贴士

- 现在全世界估计有近 4000 种虻。
- 雄虻以植物的汁液为食。
- 虻的飞行能力很强，每小时能飞行 45~60 千米。

蛾

我很美吧！但我不是蝴蝶，而是蛾。

夏季的夜晚，我们常能看到围着路灯飞舞的飞蛾。因为飞蛾利用自然光线做罗盘，灯光会让它搞不清方向，所以只能围着灯光打转。大多数飞蛾体色黯淡，便于伪装。

蛾与蝶的区别

蛾的外形很像蝴蝶，要区分它们，有几种办法。首先，蛾的触角像羽毛、梳齿等，而蝴蝶的触角像棍棒；另外，蛾的腹部短粗，而蝴蝶的腹部细长；最后，蛾静止时双翅平伸，蝴蝶则把翅膀竖立在背上。

◐ 大蚕蛾 >>>>>>

大蚕蛾体形笨重，有宽阔的翅膀，翅膀上常有显著的斑纹。雄蛾的触角呈羽状，而雌蛾则呈线状。大蚕蛾在全世界分布广泛，特别在热带和亚热带的林区比较常见。

◐ 蜂鸟蛾 >>>>>>

蜂鸟蛾被称为昆虫世界里的“四不像”。它首先像蝴蝶，和蝴蝶一样白天活动。它的口器是长长的喙管，而且有尖端膨大的触角。它又像蜜蜂，在夏秋时节飞舞在花丛中采食花蜜，并发出清晰可闻的嗡嗡声。取食的时候，它跟南美洲的蜂鸟一样，时而在花间疾飞，时而在花前盘旋。

大百科小贴士

- 豹蛾的翅膀上长满了豹纹斑点，漂亮极了。
- 蛾的幼虫以植物的叶子为食，成虫用吸管式的口器吮吸树汁、花蜜等。
- 蛾从卵中孵化变成幼虫，开始进食。幼虫经过多次蜕皮后发育成蛹，并在蛹里发育成飞蛾。

蟋蟀

蟋蟀体形微扁，头部圆圆的，触角比较长。大多数蟋蟀是褐色或黑色的。休息的时候，它的翅膀平叠在身体上。雄性蟋蟀会发出响亮的鸣叫声。

蟋蟀的习性

蟋蟀生活在土壤较湿润的田地里、砖石下或草丛间。白天，蟋蟀一般躲藏在洞穴中，夜晚才出来活动。蟋蟀喜欢吃植物的茎、叶、根和果实，对农作物有一定的危害。

会"唱歌"的秘密

蟋蟀会在夜晚外出活动，所以晚上草丛中就会传来"唧唧"的声音。人们发现，这些声音是雄蟋蟀通过摩擦前翅发出来的。雄蟋蟀在求偶时会发出这种鸣叫声，与其他蟋蟀进行争斗时也会发出响亮的鸣叫声。

◐ 喜欢争斗 >>>>>>>

两只雄蟋蟀相遇时会相互示威，猛烈振翅鸣叫，然后开始决斗。它们用头顶、用脚踢对方，同时卷动着长长的触角，不停地旋转身体，寻找有利位置，勇猛搏杀。古人常以斗蟋蟀为乐，获胜的蟋蟀会得到主人的奖赏。

◐ 防卫的本领 >>>>>>>

蟋蟀有高超的伪装本领，它的体色、形状和身上的花纹都能帮助它与周围的环境融为一体。而且，蟋蟀是跳跃能手。它长着一对强有力的后腿，一旦遇到危险，便可以跳跃着迅速逃生。

大百科小贴士

- 雌蟋蟀腹部末端有一根产卵管，产卵时插入土中。
- 蟋蟀通常都是独立生活，不喜欢和同伴住在一起。
- 雌蟋蟀是不会发出鸣叫声的。

鲨鱼

鲨鱼是海洋中最有名的软骨鱼，出现时间可以追溯到3.5亿年前，它一直保持着史前动物的种种特征，比如在颚部两边有许多鳃裂。

一生都在游

与其他鱼类相比，鲨鱼没有鱼鳔，不能自由地上浮和下沉。因此鲨鱼只能不停地游，这样才能保证自己不沉入海底。但也正因为这样，它的体格才变得十分强健，成了鱼类中的强者。

鲨鱼的食物

鲨鱼不仅以微小的浮游生物为食，还吃小鱼、海龟、海鸟、海豹等动物，有些鲨鱼甚至会吃掉游泳的驯鹿。令人惊奇的是，鲨鱼还能吃下尼龙大衣、笔记本、碎布片、皮靴、汽车牌等无法消化的东西，但是它的"J"形胃能帮助它把这些不小心吃下的东西吐出来。

◐ 海中掠食者>>>>>>

鲨鱼对气味特别敏感，尤其对血腥味。如果一头鲸受了伤，鲨鱼就会顺着血腥味从很远的地方赶来，径直冲向猎物，张开大嘴咬住它，头左右摇摆，直到扯下一大块肉为止。

◐ 经常掉牙齿>>>>>>

鲨鱼的牙齿都没有牙根，所以一点儿也不牢固，每次吃东西的时候，总会有牙齿掉下来。不过不必担心它的牙齿会掉光，因为它有好几排牙齿，前排的掉了，后排的可以马上代替。

大百科小贴士

- 鲨鱼没有硬骨，只有软骨，所以它们可以灵活地扭动身躯。
- 鲨鱼的皮肤像砂纸一样粗糙，这种皮肤既能保护它，又能让它游得飞快。
- 鲨鱼一生会更换上万颗牙齿。

鳕鱼

鳕鱼生活在太平洋、大西洋北部的深海冷水层里，过着群居生活。它们身体肥硕，肉可以食用，肝能用来提取鱼肝油。

坚强的抗寒“战士”

鳕鱼主要生活在太平洋、大西洋北部海域，它们的食谱相当广泛，鲱鱼、比目鱼和软体动物都是它们爱吃的食物。鳕鱼的眼睛很大，视力较好，这能帮助它们发现猎物并迅速捕食。一般情况下，鳕鱼总是成群活动，它们喜欢生活在冰冷的海水中。

惊人的繁殖能力

鳕鱼的繁殖能力非常强，产卵数量惊人，一条身长 1 米左右的雌鱼一次可产卵 300 万~400 万枚。雌鱼一旦将卵产下，就会离去。通常，孵化出的幼鱼随浮游生物一起漂浮，只有极少一部分能够存活下来。

鳍的进化 >>>>>>

现有的鳕鱼胸鳍不发达，但是长有明显的腹鳍、臀鳍和背鳍。据科学家推测，原始鳕鱼的鳍是连在一起的，在漫长的进化过程中才渐渐分开。

抗冻大揭秘 >>>>>>

鳕鱼大多生活在寒冷的海洋里，有的水域温度低至－2℃，但它们仍能活下来。这是因为鳕鱼的血液中有抗冻蛋白质，能降低鳕鱼血液的冰点。如果将抗冻蛋白质从鳕鱼的血液中分离出去，鳕鱼的血液在－1℃时就会被冻结。

大百科小贴士

- 鳕鱼肉里含有丰富的蛋白质，被人称为“餐桌上的营养师”。
- 鳕鱼是个“吃货”，不仅吃比自己小的鱼，连塑料杯也照吞不误，所以一定要爱护海洋环境，不要往海里扔垃圾哟！
- 从鳕鱼的眼球中可以提取维生素B，从鳕鱼的胰脏可以提取胰岛素。

中华鲟

中华鲟体形硕大，气势威武，成鱼体长可达4米多，重达500多千克，是最大的淡水鱼类，被人们称为“鲟鱼之王”。

长江中的活化石

中华鲟是我国特有的古老珍稀鱼类，也是世界现存鱼类中最原始的种类之一。它最早出现于2亿~3亿年前，一直延续至今，但其分布范围极小，只集中分布于长江流域，是长江里的“活化石”。

特殊的生理结构

中华鲟是介于软骨鱼和硬骨鱼之间的过渡性鱼类，它的骨骼骨化程度不高，体形近似鲨鱼，鳞片呈大型骨板状，看上去就像一个身披铠甲的古代武士。由于中华鲟身上保留着生物进化的痕迹，因此有很高的科研价值。

◐ 繁殖与生长 >>>>>>

中华鲟是溯河洄游性鱼类，每年9月~11月间，它们由海洋溯长江而上，到金沙江至屏山一带生儿育女。孵出的幼鱼在长江里生长一段时间后，便陆续向海洋游去。

◐ "迷恋"故土 >>>>>>

由于中华鲟特别名贵，因此外国人也想让它们在自己的江河里繁衍后代。但是不管移到哪里，它们总会洄游到故乡进行繁殖。在洄游途中，它们展现出惊人的耐劳、识途和辨别方向的能力。

大百科小贴士

- 中华鲟的寿命较长，可活100多年，是鱼类中的老寿星。
- 中华鲟没有牙齿，不能捕食大的鱼类，靠口膜的伸缩将小型动物吸入。
- 中华鲟一次可产卵30万~130万颗，但是有90%以上会被其他鱼类吃掉。

狗鱼

狗鱼是一种贪吃的淡水鱼，它的身体狭长，嘴又大又扁，好像鸭嘴。狗鱼不但异常凶猛，而且诡计多端。

诡计多端

狗鱼捕食时非常狡猾。当它看到小动物游过来时，会用有力的尾鳍使劲儿将水搅浑，然后把自己隐藏起来。当小动物游到它身边时，它就一口将其咬住，接着三下五除二地将猎物吃掉一大半，剩余的部分则挂在牙齿上，留着下次再吃。

残暴的食肉鱼

狗鱼是河流中生性粗暴的食肉鱼。它喜欢躲在水草丛中，随时准备冲出来抓住任何路过的小鱼，有时候还会捕捉野鸭和青蛙。雌狗鱼比雄狗鱼体形大，也更凶残一些。

高度"近视眼"

狗鱼是个高度"近视眼",一般只能看到一两米以内的东西,它通过身体两旁的侧线来测定猎物的方位。如果把一条死鱼放在狗鱼身旁,狗鱼碰都不会碰一下。但如果在水中晃动这条死鱼,狗鱼就会立即赶过来,把死鱼一口吞下。

锋利的牙齿

狗鱼长着一口锋利的牙齿,而且形状不一。它的上颚齿可以伸出来,并有韧带连着,这样可以把捕捉到的猎物挂住。狗鱼长在前面的牙齿很小,两边的牙齿较大,并且向里倾斜,所以猎物一旦被咬住就难以逃脱。

大百科小贴士

- 狗鱼鱼雷形的身体使它成为能快速游动的捕猎杀手。
- 狗鱼背部暗色、斑驳的伪装可以使它们不易被发现。
- 狗鱼的尾部厚实而强壮,整个尾部结构很有力量。

电鳗

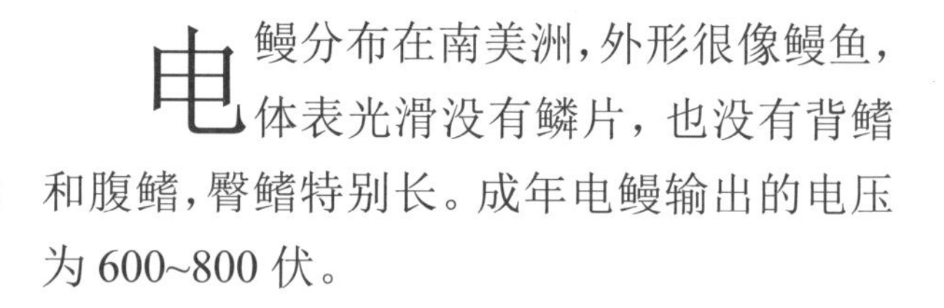

电鳗分布在南美洲，外形很像鳗鱼，体表光滑没有鳞片，也没有背鳍和腹鳍，臀鳍特别长。成年电鳗输出的电压为600~800伏。

生活习性

电鳗没有背鳍和腹鳍，只能靠摆动长长的臀鳍在水中游动。它喜欢栖息在水流缓慢的河水中，每隔几分钟就浮出水面吞一口气。电鳗没有牙齿，只能用电将猎物电死，然后将其整个儿吞下去。

电鳗的发电器

电鳗身体两侧的肌肉是由8000多枚肌肉薄片重叠排列组成的，每片之间都由胶质的白色条状物隔开，中间连接着许多神经，一直通到脊髓。这些肌肉薄片就像一个个小“电池”，能够发出很强的电流。

猎取食物

电鳗放电除了可以自我保护外，也用于捕猎。平时，电鳗喜欢静静地卧在水底，有时也会浮出水面。当它看到鱼群时，会立即放出强大的电流，轻而易举地电死周围的鱼儿。电鳗每次捕猎，总会剩下很多被电死但吃不完的猎物。

巧捉电鳗

电鳗放完体内储存的电能后，需要经过一段时间的积聚，才能继续放电。因此，人们捕捉电鳗时，总是先把家畜赶到河里，诱使电鳗放电，或者用拖网拖，让电鳗在网上放电，之后再捕捉暂时失去放电能力的电鳗。

大百科小贴士

- 电鳗能在游泳时发射出电脉冲，同时还能接收电磁波，这使它在黑暗的水底仍然能辨识方向、捕捉猎物。
- 电鳗也是一种洄游性鱼类，原产于海中，溯河道淡水内生长。
- 电鳗味道鲜美，营养价值极高，常被用来款待客人。

鲤鱼

鲤鱼是一种常见的淡水鱼，身体呈青黄色，尾鳍是红色，体表布满圆鳞。它的身体较长，可达1米多，有两对触须，背鳍和臀鳍有硬刺。

顽强的生命力

鲤鱼是一种杂食性鱼类，常在河底缓慢地游动，寻找食物。它的生命力很顽强，能耐高温和污水，生长速度也很快，有很高的经济价值。鲤鱼的寿命很长，可达100年以上。

独特的"年轮"

大自然中，不仅树木有年轮，鱼类也有"年轮"。比如，鲤鱼的鳞片上就有许多同心圆，这就是它的"年轮"。这是由于鲤鱼在不同季节生长速度不同而形成的。只要数一下鲤鱼鱼鳞上同心圆的个数，就可以知道它的年龄。

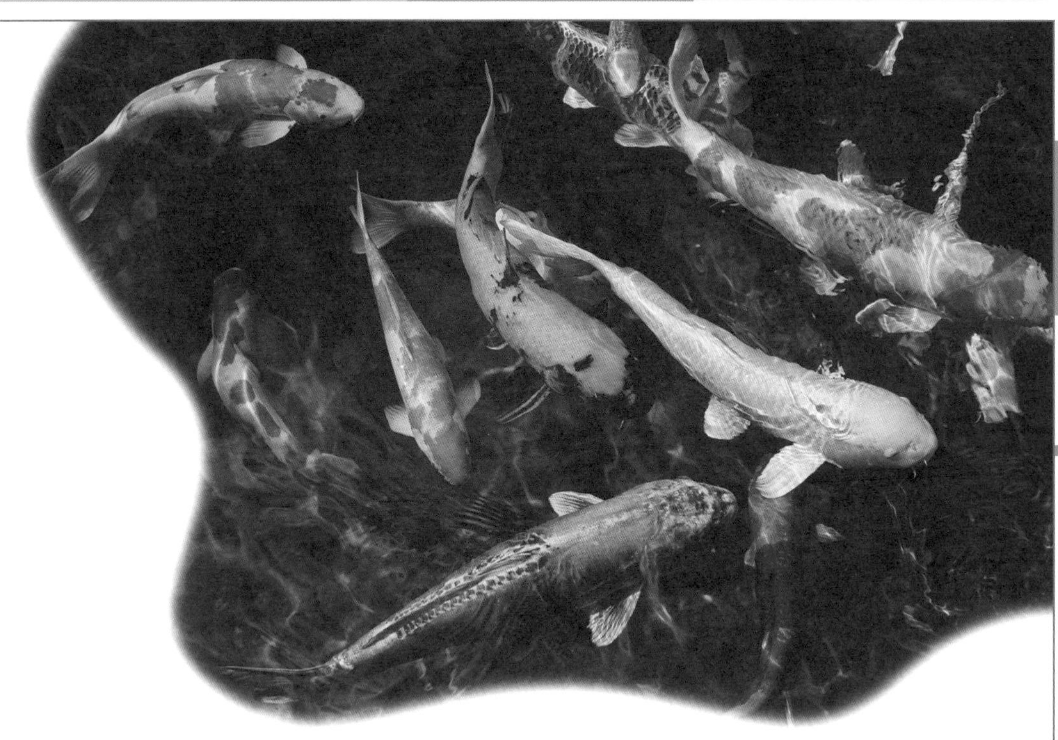

◐ 爱“磨牙”的鲤鱼 >>>>>>

小鲤鱼主要吃浮游植物和小型水生动物。成年鲤鱼可以吃田螺、昆虫幼虫、水生植物等。所以，在鲤鱼集中的地方，经常能听到它们研磨食物发出的“咔嚓”声。

◐ 聪明的“鬼子鲤” >>>>>>

与其他鱼类相比，鲤鱼聪明机警得多，一有动静就立即逃窜，素有“鬼子鲤”之称。如果被鱼钩勾住，鲤鱼还会“摇头摆尾”或躲进水草丛中，以挣脱鱼钩，有时甚至能够制造某种假象来迷惑垂钓者。

大百科小贴士

- 鲤鱼没有牙齿，但是它的咽喉深处有种咽齿。咽齿非常坚固，连贝壳都能咬碎。
- 鲤鱼生存能力很强，即使水域被污染了，它也能生存下去。
- 鲤鱼游得不快，喜欢住在固定的地方，只有当没有食物或者遇到危险时，才会搬家。

飞鱼

飞鱼生活在热带、亚热带和温带海洋里，体形较小，最长的也只有约30厘米。它们长着漂亮的“翅膀”，能“飞”出水面。

“飞行”的鱼

飞鱼的胸鳍特别发达，像鸟类的翅膀一样。它长长的胸鳍一直延伸到尾部，整个身体像织布用的“长梭”，能跃出水面十几米。据统计，它们在空中停留的最长时间是40多秒，连续滑翔的最远距离达400米。

危险的“飞行”

飞鱼并不轻易跃出水面，只有当它们遭到敌人追击时，才会施展这种奇特的本领。可是，这一绝招并不保险。有时它们飞出海面，会被空中飞行的海鸟捉到。当它们降落的时候，还可能撞死在礁石上，或落到轮船甲板上，成为人们餐桌上的美味。

◐ 飞鱼产卵 >>>>>>

每年的四五月份，飞鱼会洄游到温暖的海域产卵、繁殖后代。飞鱼的卵又轻又小，很容易挂在海藻上孵化。渔民们常常在飞鱼产卵的必经之路上把许多长长的挂网放在海中，使飞鱼觉得好像游进了密密麻麻的海藻丛里，于是便在网中产卵了。

大百科小贴士

- 白天的时候，飞鱼的视力敏锐，晚上常常盲目飞翔。
- 飞鱼在空中时，尾鳍每秒可摆动 70 次，因而在空中呈现出"S"形的飞行轨迹。
- 飞鱼的主要食物是细小的浮游生物。

比目鱼

比目鱼长相古怪，身体扁平，两只眼睛的位置与众不同，长在头的同一侧，所以人们称它为“比目鱼”。

生活在沙层上

比目鱼的身体表面有极细密的鳞片，背鳍从头部几乎延伸到尾鳍，特别适合在浅海海底的沙层上生活。比目鱼主要生活在温带海域，是重要的经济鱼类之一。

与环境融为一体

比目鱼会随着周围环境的变化改变身体的颜色。它能利用眼睛感受外界环境的颜色变化。当比目鱼的眼睛受到外界颜色的刺激时，这些刺激会通过神经系统传导，改变皮肤细胞所含色素微粒的排列，从而改变皮肤的颜色。

眼睛“搬家”>>>>>>

其实,刚孵化出来的小比目鱼的眼睛也是生在两边的。当它长到1厘米长时,一边的眼睛开始“搬家”,一直移动到与另一只眼睛接近时,才停止移动。因为比目鱼的头骨是由软骨构成的,容易受到肌肉的牵引,所以会随着眼睛一起“搬家”,变得弯曲。

比目鱼游泳>>>>>>

比目鱼生活在水里,却不擅长游泳,即使游起来,泳姿也很可笑:横躺在水里,身体左右摇晃,尾巴上下摆动,速度很慢。所以,它几乎不怎么运动,只是静静地待着,等待猎物的出现。

大百科小贴士

- 比目鱼的营养价值很高,富含DHA等营养物质,而且脂肪含量较少,老少皆宜。
- 比目鱼是硬骨鱼纲鲽形目鱼类的统称,全世界的比目鱼有540多种。
- 比目鱼喜欢以小鱼虾为食。

金枪鱼

金枪鱼的背部颜色较暗，腹部为银白色，尾鳍呈叉状或新月形。体形好似一枚鱼雷，在游泳时可以减少水的阻力，游动速度极快。

无国界鱼类>>>>>>

金枪鱼的身体呈鱼雷状，非常适合游泳。它是游动速度最快的海洋动物之一，每小时能游60~80千米，游动范围达数千千米，能进行跨洋环游，被称为“没有国界的鱼类”。

不断游动>>>>>>

金枪鱼的鳃肌已经退化，所以它们必须不停地游泳，使新鲜水流经过鳃部，以获取氧气。如果停止游动，它就会因缺氧窒息而死。到了夜里，金枪鱼也不休息，只是减缓了游速，降低了新陈代谢速度。

吃个不停>>>>>>

为了补充不停游动所消耗的能量，金枪鱼必须不断地进食。一条0.5千克重的金枪鱼一次就要吃掉相当于

自身体重 18%的食物，相当于一个体重 75 千克的人一顿吃掉两只大公鸡。金枪鱼的食性较杂，乌贼、螃蟹、鳗鱼、虾等海洋动物都是它的佳肴。

热血鱼类

绝大多数鱼类都是冷血动物，金枪鱼的血却是热的，它的体温一般比周围水温高出 9℃。金枪鱼总是在不知疲倦地快速游泳，肌肉不断收缩，所以它的体温较高。

大百科小贴士

- 金枪鱼是生鱼片的主要食材。
- 大多数金枪鱼栖息在 100~400 米深的海域。
- 金枪鱼是唯一能够长距离快速游泳的大型鱼类。

河豚

河豚肉质鲜美，很多人都喜欢吃。可是烹制河豚必须有专业技能，因为它的肝脏、血液、眼睛和皮肤等部位都含有剧毒。

像气球一样的身体

河豚身上长着鲜艳的花纹和斑点，整个身体像个圆圆的水桶，显得格外肥胖。它们的身体里有气囊，遇到危险时，河豚大口吞咽水或空气，使身体膨胀到原来的3倍。这时的河豚活像一只浮在水面上的气球，因此又叫“气泡鱼”。

极强的毒性

许多河豚的肝脏、血液、生殖腺和皮肤等部位都含有一种能致人死亡的毒素，这种毒素被认为是自然界毒性最强的非蛋白物质之一，只需要一丁点儿就能致死。

刺豚 >>>>>>

刺豚是河豚的近亲，身上长着密密麻麻的棘刺，平时这些棘刺紧贴在身体表面。一旦遇到危险，刺豚就会使身体膨胀，全身的棘刺都竖起来，从而变成一个满身刺的球体，以此来威胁敌人。

翻车鱼 >>>>>>

翻车鱼也是河豚的亲戚，这种鱼长得很奇怪，好像只有头没有身体。它们不怎么会游泳，只能靠两片长长的背鳍来回摆动，缓缓前进或随波漂流。有趣的是，翻车鱼体形这么大，却长着一张樱桃小嘴，显得非常滑稽。

大百科小贴士

- 河豚上下颌的牙齿是连在一起的，好像锋利的刀片，所以河豚能轻易地咬碎珊瑚的外壳。
- 每年 2 月~5 月是河豚的产卵季节，这时它的毒性最强。
- 河豚的毒素非常耐热，在 100℃的高温下要 4 小时才能使毒性消失。

旗鱼

旗鱼的身体呈菱形，成年后体长可达 3 米，体重 100 多千克，是大型凶猛鱼类。它的游动速度惊人，平均每小时可达 90 千米。

背上有大旗

旗鱼是大型海鱼，滚圆粗壮，可以长到小轿车那么长。它的背部是蓝紫色的，身体两侧布满银白色的小圆点。它还长着一个又长又高的背鳍，可以自由折叠，竖起来的背鳍仿佛一面迎风招展的旗帜。

高超的游泳技巧

旗鱼在海中漫游时，会把大旗一样的背鳍露出水面，顺风前进。如果要加速，旗鱼就把背鳍收拢，藏在后背的凹陷部分，这样就减少了游泳时的阻力。同时，旗鱼长剑般的大嘴会很快把水分向两旁，这样它就能像离弦的箭一样飞速地前进了。

鱼中“霸王”

旗鱼攻击性很强，生性凶猛，总是闯进其他鱼类的队伍里捕食。它扯起大旗一样的背鳍，用剑一样的长嘴东砍西刺，身边的鱼儿一会儿就被它撕扯得遍体鳞伤。

与洋流赛跑

旗鱼为什么能游得这么快呢？科学家研究发现，旗鱼生活在水流很快的大洋里，如果游得慢的话，就会被海浪卷走。所以经过长期训练，旗鱼就游出了惊人的速度。

大百科小贴士

- 旗鱼的游动速度很快，从天津到上海 1300 多千米的海路，旗鱼只要花上 10 来个小时就能游完。
- 旗鱼没有牙齿，只能用尖尖的上颌来捕鱼。
- 旗鱼是肉食性鱼类，常以鲹鱼、乌贼、秋刀鱼为食。

食人鲳

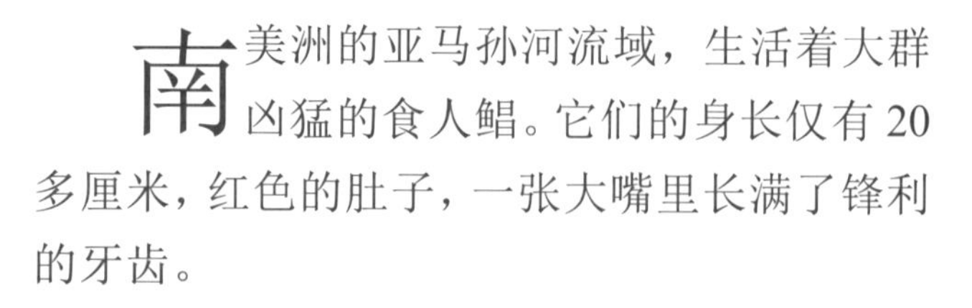

南美洲的亚马孙河流域，生活着大群凶猛的食人鲳。它们的身长仅有20多厘米，红色的肚子，一张大嘴里长满了锋利的牙齿。

厉害的食人鲳 >>>>>>

食人鲳尖尖的牙齿像医生的手术刀一样锋利，可以咬穿牛皮和硬邦邦的木板，还能把钢铁制成的鱼钩一口咬断。一旦被咬的猎物出血，食人鲳就变得更加疯狂，鳄鱼遇到它们，都会吓得浮上水面。

成群结队 >>>>>>

食人鲳总是成百上千条聚集在一起，利用灵敏的视觉和嗅觉寻找目标。只要发现猎物，食人鲳就轮番攻击，一个接一个地冲上前去猛咬，直到猎物变成一堆白骨。

对付食人鲳

食人鲳凶猛残忍，为了对付这种鱼，其他鱼类发展出了自己的“秘密武器”。电鳗能够放电，电鳗所放出的高压电流能一下把30多条食人鲳置于死地，然后再慢慢地把它们吃掉。食人鲳想攻击刺鲇的时候，刺鲇马上脊刺怒张，使食人鲳无从下口。

食人鲳的弱点

其实，食人鲳并没有那么可怕，而且非常容易捕捞。嗜血成性成为食人鲳最大的弱点——钓食人鲳不必用鱼钩，只要用绳子拴一点儿肉，放进水里，食人鲳很快就会咬住诱饵，被拖上岸后还不松口。

大百科小贴士

- 雌食人鲳在水草中产卵，孵化后，雄鱼就守在小鱼身边。
- 一头牛如果不小心遇到食人鲳，几分钟内就会被吃得只剩骨头。
- 食人鲳只有成群结队的时候才凶狠无比，一旦离群，就成了可怜巴巴的胆小鬼了。

蝴蝶鱼

蝴蝶鱼生活在热带海洋里，它们就像水中的蝴蝶一样，有五彩缤纷的色彩和图案。蝴蝶鱼因为外形漂亮、性情温和，被当作观赏鱼来饲养。

生活在珊瑚中

蝴蝶鱼一生都住在珊瑚礁里。它们身体扁平，所以能在珊瑚礁的缝隙中灵活地穿梭。它们时而在珊瑚丛中钻进钻出，时而敏捷地你追我赶，游来游去。

蝴蝶鱼捕食

大部分蝴蝶鱼以捕食小鱼为生，有些种类的蝴蝶鱼也会用尖尖的牙齿啄食珊瑚虫和海葵的触手。蝴蝶鱼捕食动作奇特，平时它们顺水漂

流，一旦有昆虫飞临，即使距离水面有几十厘米，蝴蝶鱼也可以跃出水面捕食，就像飞鱼一般。

蝴蝶鱼的伪装

蝴蝶鱼艳丽的颜色随时可以发生改变，使自己与周围五光十色的珊瑚礁融为一体。蝴蝶鱼还有更加巧妙的伪装：它们把自己真正的眼睛藏在头部的黑色条纹之中，而在尾巴或后背留一个大大的眼睛图案，这会使敌人感到迷惑，它们自己则趁机逃跑。

海中鸳鸯

水面上的鸳鸯出双入对，对伴侣忠贞专一。水面下的蝴蝶鱼也是这样，大部分时间成双成对地在珊瑚丛中追逐、嬉戏，形影不离。当一只蝴蝶鱼捕猎时，另一只就在周围警戒，保护对方。

大百科小贴士

- 大部分蝴蝶鱼都生活在水深 20 米以内的浅水水域。
- 蝴蝶鱼行动迅速，稍受惊动就躲进珊瑚礁或岩石缝中。
- 蝴蝶鱼的幼鱼头部长了许多刺，可以保护自己。

金鱼

金鱼有红、黄、紫、蓝、黑多种颜色，仿佛水中游动的花朵。因为它们形态多样、活泼可爱，深受人们喜爱，被当作观赏鱼。

金鱼的祖先

金鱼是由我们常吃的鲫鱼演变而来的。最初，鲫鱼先由银白色演变为红黄色的金鲫鱼，再经过长时间的人工喂养，红黄色的金鲫鱼才逐渐变成漂亮的金鱼。

金鱼的眼睛

金鱼没有眼皮，眼睛永远是睁着的，就是睡觉也不例外。这是因为金鱼生活的水中没有灰尘，不用眼皮来保护眼珠。而且，水里的环境危机四伏，金鱼不能闭眼休息，只能左、右半脑交替休息，眼睛也要一直睁着才行。如果敌人袭击，见金鱼眼睛大睁，也会吓得只好退避游开。

绚丽多彩的鳞片

金鱼的鳞片分为正常鳞、透明鳞和珍珠鳞3种。正常的鳞片具有反光组织和色素细胞，呈现出各种颜色，透明的鳞片缺少色素细胞，呈透明状，而珍珠鳞则呈银白色。

金鱼变色

金鱼刚孵化出来的时候全身透明，长到一个月左右时，就开始长出各种各样的斑点。金鱼的颜色在夏天变得最快、最明显，到冬季就不变色了。另外，如果水温长时间超过30℃，金鱼不但会失去光泽，还很容易生病。

大百科小贴士

- 雄性金鱼一般体形略长，雌性金鱼身体比较短且圆。
- 金鱼喜欢吃鱼虫、草履虫、孑孓等食物。
- 最适合金鱼生存的温度是25~28℃。

弓鳍鱼

弓鳍鱼长着向上弯曲的尾鳍，尾部还长着一个黑色的大斑点。当它们在水中游动时，黑斑在水波的映照下像眼睛一样晃动，让捕食者以为水下是个大家伙。

远古时代的伙伴

早在大约1.8亿年前，弓鳍鱼就出现了。远古时代的弓鳍鱼一点儿都不孤单。因为当时陆地上有恐龙在行走，天空中有始祖鸟在飞翔，它们和水中游动的弓鳍鱼相互为伴，为远古地球平添了许多生气。

珍稀动物

现在世界上只有一种弓鳍鱼，生活在密西西比河流域和北美洲东部的河流、湖泊中。它们的背鳍很长，尾部靠背处有一大块黑斑，雄鱼的尾鳍上有一个外黄内黑的斑点。缺氧时，它们可以暂时用鳔呼吸。

◐ 凶猛的贪吃鱼 >>>>>>

弓鳍鱼是一种凶猛的食肉动物。它们长着一排尖尖的牙齿，各种鱼类、青蛙、蛇、乌龟和小型哺乳动物都是它们捕猎的对象。有时，弓鳍鱼还会猎食同类，它们的天敌也是个头更大的弓鳍鱼。不过，在缺少捕猎对象的情况下，弓鳍鱼会比其他鱼更耐饿。

◐ 尽职尽责的父亲 >>>>>>

每年五六月份，雄性弓鳍鱼会在浅水区用水草做成圆形的巢穴，雌性弓鳍鱼就把卵产在巢中。此后，雄鱼会一直在巢附近守护，以防止鱼卵遭遇危险。直到卵孵化成幼鱼，雄鱼才会离开，让小宝宝独自去面对各种生存挑战。

- 弓鳍鱼可以一年不吃东西。
- 弓鳍鱼尾巴的形状决定了它们游泳速度比较慢。
- 在夏天，如果气温很高，河水干涸，弓鳍鱼就会进入“夏眠”状态。

雨蛙

雨蛙体形肥胖、皮肤光滑、头小体宽，整个身体呈三角形。它们的背部为绿色，腹部为淡黄色，体侧和股前后有黑斑。

超级乐手

雨蛙是蛙类中著名的“乐师”。鸣囊是它们的“音箱”。雨蛙的鸣囊在下巴两侧，像圆圆的气球，唱得越响，“气球”越大，有时可以鼓得跟自己的身体一样大。

害虫终结者

雨蛙多生活在灌木丛、芦苇、高秆作物或池塘边、稻田及其附近的杂草上。它们白天匍匐在叶片上，黄昏或黎明活动频繁，主要以金龟子、叶甲虫、象鼻虫、蚁类为食。

天气预报员

雨蛙是天气预报员。晴天时，雨蛙趴在树上；阴天时，雨蛙

蹲在地上。它们这样爬上爬下，不是在锻炼身体，而是因为天气好时，昆虫飞得高，要抓它们，就得爬到树上；阴天时，昆虫飞不高，雨蛙只能在地上等着。

雨蛙的保护色

雨蛙中不少成员都拥有巧妙的保护色，能使它们与环境融为一体。南美洲有一种雨蛙，它们的皮肤图案就像树皮，这使它们能够在石头上和树上“隐身”。也有一些色彩鲜艳的雨蛙，静止不动时只显露出绿色。

大百科小贴士

- 雨蛙的皮肤也能呼吸。
- 雨蛙的后肢较长，强壮有力。
- 雨蛙脚上的吸盘使它们可以待在树上不掉下来。

蟾蜍

蟾蜍的背上长满了大大小小的疙瘩。虽然长相丑陋，但蟾蜍浑身都是宝贝：蟾舌、蟾肝、蟾胆都是名贵的药材，可治疗多种疾病。

蟾蜍与青蛙

虽然都是蛙类，蟾蜍却与青蛙有很多不同。例如：青蛙的卵是一团一团的，蟾蜍的卵却像连成一串的珠子。青蛙蝌蚪的尾巴很长，颜色比较浅，嘴在头部前面；蟾蜍蝌蚪的尾巴比较短，浑身黑色，嘴在头部下面。

不善于游泳

蟾蜍行动笨拙，不善于游泳。由于后肢较短，它们只能进行一般不超过20厘米的短距离跳跃。它们的皮肤比较厚，具有防止体内水分过度蒸发和散失的作用，所以能长久地生活在陆地上。

蜕掉旧皮 >>>>>>

蟾蜍结束冬眠后，会蜕掉身上的旧皮。蜕皮时，蟾蜍爬上岸“发呆”，一会儿的工夫全身就开始“出汗”，后背正中还会出现一道缝隙。蟾蜍的身体从皮肤的缝隙中钻出来后，会马上把蜕下的皮吞进肚子里。

害虫天敌 >>>>>>

白天，蟾蜍隐蔽在阴暗的土洞或草丛中。傍晚，蟾蜍开始在池塘、河岸、田边、菜园、路边或房屋周围活动。尤其在雨后，它们常集中在一起捕捉各种害虫。虽然蟾蜍长得算不上好看，但它们还是保护庄稼的卫士呢。

大百科小贴士

- 蟾蜍分泌的白色浆液晒干后就是蟾酥，是一种名贵的中药材。
- 美洲有一种巨型蟾蜍名叫海蟾，体长可达 25 厘米。
- 在中国古代神话中，仙女嫦娥和一只蟾蜍一起居住在月亮上。

大鲵

大鲵是世界上现存最大，也是最珍贵的两栖动物。它们的叫声很像幼儿的哭声，所以又叫“娃娃鱼”。

怪模怪样

大鲵的样子可不像它们的名字那样可爱：脑袋又大又扁，眼睛和鼻孔却很小，身后还拖着一条长长的大尾巴。大鲵全身光滑，没有鳞片，四条腿又短又胖。游泳时，大鲵的四肢紧贴肚皮，靠摆动尾巴前进。

凶猛的肉食者

大鲵是凶猛的捕食者，它们不仅吃鱼、虾、鸟，甚至连蛇和老鼠都吃。白天，它们头朝外趴在洞穴口。一旦有猎物经过，它们就突然出击，一口把猎物吞下。晚上，大

鲵从洞穴中出来，守在河流边，张开大嘴等待水里的猎物自投罗网。

不能咀嚼的牙齿

大鲵的牙像锯齿一般，却不能用来咀嚼，只能防止食物流到嘴外面。食物被吞下之后，会在大鲵的胃中慢慢消化。大鲵很耐饿，即使几个月不吃东西，也不会饿死。

生性“娇贵”

大鲵对生活环境的要求很高，喜欢水质清澈的山溪或河流，并居住在水草繁茂的岩洞里、大石下或凹坑中。因为浑浊的水会使它们呼吸困难，威胁到它们的生命。

大百科小贴士

- 大鲵每年七八月将卵产于岩石洞内，一次可以产卵300多枚。
- 大鲵是寿命最长的两栖类动物，人工饲养的大鲵最长能活130年。
- 大鲵的肺发育不完善，所以需要借助湿润的皮肤来呼吸。

龟

龟分为陆龟、海龟、泥龟等几大类。陆龟一般都有短粗的腿和钝钝的爪子，而海龟的腿呈扁平状，像鳍一样。泥龟体形很大，背甲超过半米。所有龟爬行的速度都非常慢，是不折不扣的慢性子。

长寿的秘密

龟是出了名的长寿动物。科学家认为，这与它们行动缓慢、新陈代谢率低有关。它们的心脏机能也很特别，从活龟身体里取出的心脏，有的竟可以继续跳动两天。

独特的呼吸方式

其他爬行动物靠移动肋骨带动肺部来呼吸，龟却不同，它们通过腿部和腹部的肌肉将空气吸入肺中，并将废气排出体外。海龟还能通过皮肤、喉部和腹部的小孔呼吸。

生活习性 >>>>>>

龟属于杂食性动物，主要食物是小鱼、小虾以及一些昆虫，同时也吃植物嫩叶、浮萍、稻谷和麦粒等。它们有发达的嗅觉和听觉，对外界环境的变化非常敏感。龟有冬眠的习惯，当气温低于10℃时，它们就会进入沉沉的“梦乡”。

坚硬的“铠甲” >>>>>>

龟都穿着一身坚硬的“铠甲”，那就是龟壳。龟类动物的硬壳由背部高耸的背甲和腹部平坦的腹甲组成。龟壳表面覆盖着被称为盾板的鳞甲，鳞甲下面长着一层被称为角朊的角质层。龟壳可以起到保护躯干的作用。

大百科小贴士

- 淡水龟的腿既可以游泳，也可以行走，甚至还能攀爬。
- 棱皮龟是世界上最大的龟，体长有2米多，重达300多千克。
- 龟的生命力极强，几个月不吃东西也能活。

鳄鱼

鳄鱼身披“盔甲”，头宽而扁平，有一张血盆大口，是最凶残的掠食者之一。它喜欢栖息在潮湿地带，入水能游，登陆能爬。

远古的幸存者

鳄鱼是一种非常古老的爬行动物，2亿多年前恐龙大行其道时，鳄鱼就已经出现在地球上很多地方了。鳄鱼自身的特点使它们从6500万年前的那场灾难中存活了下来，没有和恐龙一起灭绝。

锋利的牙齿

在抓住猎物后，鳄鱼那锋利的牙齿能深深地刺入猎物的身体，并迅速将猎物撕扯开。与众不同的是，鳄鱼的旧牙会定期脱落，新牙在旧牙下方生出，把旧牙挤出去。

残忍的捕食方法

鳄鱼常常潜伏在水中，露两只眼睛在外面，一动不动，就像一段烂

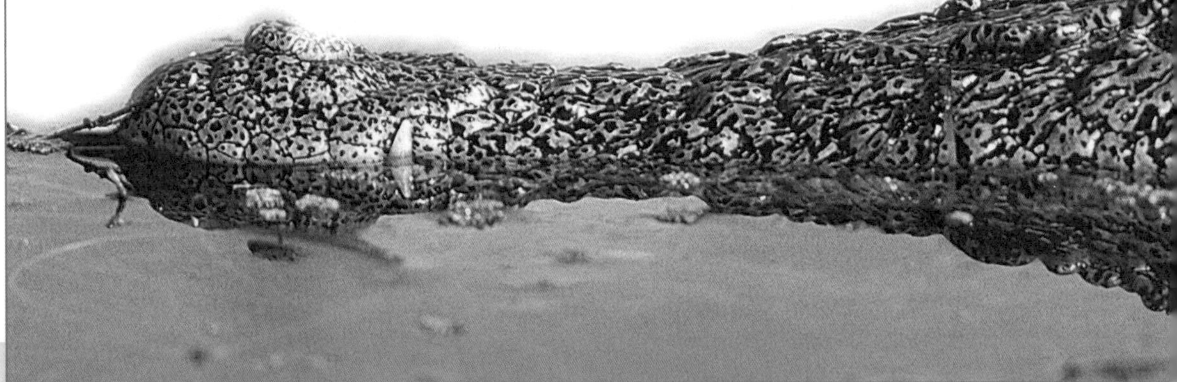

木头。接近猎物后，鳄鱼会猛冲上去，把猎物活活吞下。如果猎物太大，一下子吞不下去，鳄鱼就用大嘴咬住，在石头或树干上猛烈摔打，直到猎物被摔成碎片，它才张口吞食。

尽职的“母亲”

雌鳄鱼在产卵前，会先上岸选好地点，用树叶、干草铺一张“软床”，然后才开始产卵。产卵以后，鳄鱼妈妈便开始孵化。这时的雌鳄鱼凶恶无比，不准任何动物接近自己的卵。

大百科小贴士

- 鳄鱼是世界上最大的爬行动物，最长能达到10米，重约1吨。
- 鳄鱼的寿命很长，通常可以活到七八十岁。
- 鳄鱼常常会流眼泪，这是为了排出体内多余的盐分。

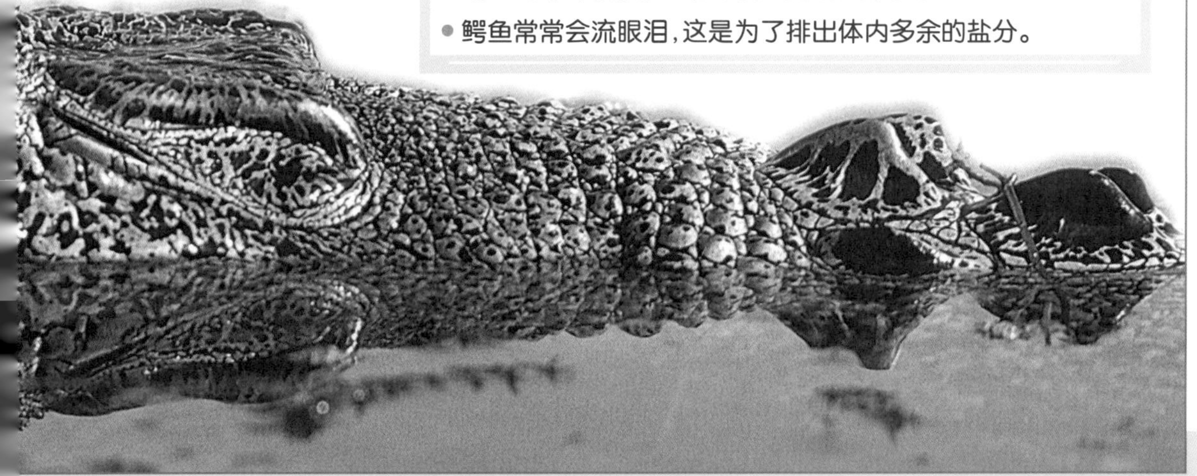

蜥蜴

蜥蜴皮肤粗糙，是当今世界上分布较广的一类爬行动物，俗称“四脚蛇”。世界上大约有4000种蜥蜴，主要分布在热带地区。

鳞片皮肤

蜥蜴的身体表面布满鳞片，能防水并保持体温。在成长过程中，蜥蜴大约每个月蜕一次皮，很多蜥蜴都会将自己蜕下的皮吞食掉。不久，更坚韧的鳞片皮肤就会重新长出来。

爱吃的食物

蜥蜴主要捕食昆虫和其他小动物。其中体形较大的蜥蜴主要以昆虫、小鸟及体形较小蜥蜴为食。巨蜥则可吃鱼、蛙甚至小型哺乳动物。也有一部分蜥蜴以植物为主食，如鬣蜥。捕食时，蜥蜴会用尖牙紧紧咬住猎物，以防止它逃脱。

高超的防卫技巧

大多数蜥蜴都有保护色，以躲避一些掠食者的袭击。但如果保护色失效，它也有对付敌人的方法，比如立刻爬上树去，用爪子摩擦树皮，发出噪声来威慑敌人；或鼓起脖子，使身体显得粗壮，同时发出“嘶嘶”声，恐吓敌人。

◐ 冬眠和夏眠 >>>>>>>

蜥蜴是变温动物，在温带及寒带生活的蜥蜴在冬季会进入冬眠状态。在热带生活的蜥蜴，由于气候温暖，可终年活动。但在特别炎热的地方，有的蜥蜴也有夏眠的习惯，以适应高温干燥和食物缺乏的恶劣环境。

大百科小贴士

- 蜥蜴的逃生方式多种多样，有些蜥蜴能通过断尾来逃生。
- 壁虎依靠脚上极其细微的毛与墙壁产生的作用，可以在墙上行走。
- 科摩多巨蜥是世界上最大的蜥蜴，体长 2~3 米，体重可达 70 千克。

变色龙

变色龙是一种蜥蜴目爬行动物，体长20~60厘米，浑身长满了疙瘩。它们会通过改变体色来保护自己，逃过敌人的眼睛。

在树上生活

变色龙大多生活在热带雨林或热带大草原上，有些则生活在山区。绝大部分变色龙长有利于攀缘的脚和尾巴，能用脚趾牢牢地抓住树枝，因此大多栖息在树上，只有极少数变色龙在地面生活。

不停变换的身体颜色

变色龙是最"善变"的动物。在一天之内，它可以变换六七种颜色：深夜时呈黄白色，黎明时呈暗绿色，阳光下黝黑发亮，发怒时斑斑点点，在温暖而不透光的环境中浑身翠绿，温度下降时则变为浅灰色。

◐ 变色的秘密

变色龙的皮肤里有一个变化无穷的“色彩仓库”，储藏着蓝、绿、紫、黄、黑等色素细胞。一旦周围的光线、湿度和温度发生变化，一些色素细胞就会增大，而其他色素细胞会缩小，于是变色龙就表现出各种不同的颜色。

◐ 用舌头捕猎

变色龙主要吃昆虫，大型的变色龙也捕食同类。它们捕猎的主要武器是能分泌黏液的长舌。当发现猎物时，它会慢慢靠近猎物，然后迅速吐出舌头，将虫子粘在舌头上，缩回嘴里。

大百科小贴士

- 变色龙吐出来的舌头可以达到自己体长的一倍半。
- 变色龙行动迟缓，经常伏在树枝上一连几个小时不动，等待猎物自己送上门来。
- 变色龙的左右两眼能够各自独立运动，各看各的。

蛇

蛇的身体细长，体表覆盖有鳞片，上下颌长满了牙齿。蛇的眼睛上没有活动的眼睑，只有一层透明的薄膜，主要以鼠、蛙等小型动物为食。

捕食

蛇能吃掉比自己大得多的动物，因为它的上下颌伸缩性很强，所以能将猎物整个吞下。蛇的视力很差，但是嗅觉却很好。它可以飞快地伸出分叉的舌头，捕捉空气中的气味。有些蛇有一种特别的感觉器官，叫“热眼”。热眼可以探明热能。有了热眼，即使在黑夜里，蛇也能探明恒温动物的位置，从而准确出击。

恐怖的“射手”——眼镜蛇

眼镜蛇是剧毒蛇，被称为“蛇中之王”。它生气的时候，身体前部会直立起来，颈部皮褶向两边膨胀，发出恐吓声。眼镜蛇的毒牙上有小管，当它遇到危险时，会将毒液通过小管喷射出来，如果对方被击中，就会有生命危险。

◐ 暗夜杀手——响尾蛇 >>>>>>

响尾蛇之所以能在伸手不见五指的黑夜里准确地捉到老鼠。是因为它两眼和鼻孔之间有两个热眼，能感知到红外线，所以即使在黑暗的环境中，响尾蛇仍可以捕猎。

◐ 世界上最大的蛇——蟒蛇 >>>>>>

蟒蛇没有毒，但它会用缠绕的方式杀死猎物。蟒蛇发现猎物后，先用利牙咬住猎物，然后将身体牢牢地缠绕在猎物身上。猎物每呼吸一次，蟒蛇就缠紧一些，直到猎物窒息而死。然后，蟒蛇再直接将猎物吞进肚子。

大百科小贴士

- 蛇没有外耳孔，却有发达的内耳，能敏锐地接收地面振动传递的声波。
- 眼镜王蛇是眼镜蛇中最凶猛的一类，饥饿时甚至连同类都吃。
- 响尾蛇蜕皮时会在尾部留下一些旧皮肤，形成响环，一摇动就会发出沙沙声。

企鹅

企鹅在陆地上行走的时候动作笨拙可爱，但是一钻进水里就变得非常灵活，能潜水捕食小鱼。它的身体成流线型，翅膀已经退化，不能飞行，但能用来划水。虽然海水冰冷刺骨，但企鹅丝毫不在乎，因为它身上长满了油亮的羽毛，能起到很好的保暖作用。

阿德利企鹅

阿德利企鹅是小型企鹅，体长 70 厘米，善于游泳和潜水。在远离南极海岸的冰冷水域中觅食，一般猎食磷虾，也吃小鱼。一对企鹅通常每年生育两只幼鸟，幼鸟会聚集在海岸边，等待觅食的父母回来喂它们。

皇帝企鹅

皇帝企鹅是最大、最重的一种企鹅，体长 90 多厘米，体重约 40 千克，栖息于海洋和陆地上。它们成群结队，善于游泳和潜水，行走笨拙。身体裹着一层厚厚的脂肪。追捕鱼类时，靠着鳍状翅膀推进，速度极快。

麦哲伦企鹅

麦哲伦企鹅体长 70 多厘米，体重约 4 千克。成年企鹅的背部为黑色，腹部为

白色,夹杂着少许黑斑,胸前有两条黑色环状图案。麦哲伦企鹅是一种温带企鹅,主要分布在智利、马尔维纳斯群岛沿海,也有少量迁至巴西。

辛苦的企鹅父母

雌企鹅产下一枚卵后,就离岸到海中觅食;雄企鹅则以直立的姿势,将卵放在脚上孵化两个月,它们彼此抱团取暖,度过极地的寒冬。

小企鹅孵出时,雌企鹅返回,将食物吐出喂食小企鹅。雄企鹅则走向大海,进行长达几个星期的取食,再返回喂食小企鹅。

大百科小贴士

- 企鹅很擅长游泳和潜水。
- 企鹅游泳的速度特别快,可达每小时10~15千米。
- 企鹅能跃起两米多高,还能在冰面上滑行。

鸵鸟

栖息在草原和沙漠中的鸵鸟是世界上最高大的鸟，平均身高约250厘米，它只会跑不会飞。

非洲鸵鸟

非洲鸵鸟身高可达200厘米以上。它头小，颈长，嘴巴短而平，眼睛较大，体羽软而蓬松，没有飞羽。后腿粗壮，部分裸露。非洲鸵鸟只有两个脚趾，是世界上唯一的二趾鸟类。脚掌强劲，趾下有肉垫。非洲鸵鸟主要分布于非洲西北部、东南部和南部。

美洲鸵鸟

美洲鸵鸟栖息在南美洲的平原上，体形较大。它们的羽毛是棕色的，喜欢群居。奔跑时，它们会像其他鸟类飞行时一样把翅膀张开，以获得上升气流的助力。美洲鸵鸟会游泳，常常成群结队地到河水或湖水中饮水、沐浴。

巨大的蛋

鸵鸟蛋是所有鸟蛋中最大的，一般长达15厘米，宽8厘米，重达1.5千克。蛋壳十分坚硬，可以承受一个人的体重。沙漠中有许多掠食者喜欢偷食鸵鸟蛋，比如埃及秃鹰和土狼等。

“隐身术”>>>>>>

大部分成年鸵鸟都能靠奔跑和踢打逃过天敌的侵袭。但是一些年老体弱，或者正在孵卵的鸵鸟跑不快，又不善打斗，一旦遇敌就会把身体紧贴地面，用地上的黄沙和枯草将自己遮蔽起来。它的羽毛颜色与环境一致，就好像施了“隐身术”一样。这样一来，天敌就不会那么容易发现它啦！

大百科小贴士

- 鸵鸟奔跑时一步可以跨出 8 米，但它不善于长跑。
- 鸵鸟很长寿，平均寿命约为三四十年，人工饲养的甚至长达五六十年。
- 雄鸵鸟求偶的时候，会跳起甜蜜的求偶舞，非常有趣。

天鹅

天鹅是一种美丽的水鸟。它的身体呈流线型，脖子细长，羽毛漂亮，姿态优雅，袅袅婷婷。

天鹅的种类

天鹅的种类很多。比较常见的有大天鹅、小天鹅和黑天鹅。大天鹅也叫“白天鹅”，浑身雪白，声音洪亮；小天鹅叫声清脆，好像哨子声；黑天鹅的嘴巴是红色的，浑身覆盖着卷曲的黑褐色羽毛，只有腹部是灰白色的。

临水而居

天鹅特别喜欢将巢筑在僻静的湖边和沼泽地附近，因为那里远离人畜和其他天敌。天鹅的居所不仅要求水位稳定，周围要长有高秆的沼生植物，还要有大片明水区。天鹅的主要食物就是水生植物。

◐ 忠实的伴侣 >>>>>>

雌雄天鹅一旦结对便一生都不会分开。天鹅夫妇非常恩爱，总是一起觅食、休息和戏水，相互照应，从不分离。如果一只死去，另一只天鹅将会独自生活，一直到死。

◐ 细心的父母 >>>>>>

天鹅妈妈产完卵以后，就寸步不离地守着宝宝。天鹅爸爸则负责外出捕猎。如果敌人入侵，天鹅爸爸会勇敢地同对手搏斗。天鹅宝宝出世以后，父母会陪在它们身边，教它们生存的本领。

大百科小贴士

- 天鹅的卵比较大，有些卵的重量能达到400克。
- 刚出生的小天鹅羽毛是灰褐色的，十分暗淡，就像故事中的“丑小鸭”一样。
- 每年三四月份，天鹅会成群从南方飞到北方。到了十月，它们又飞回南方过冬。

信天翁

水鸟信天翁的绝大部分时间都是在海面上空度过的，只有繁殖季节才会回到陆地上。它们的滑翔本领高超，能在海面上自由地翱翔。

身体特征

信天翁躯体粗胖，喙长长的，前端向下弯曲，像个锐利的钩子。它的翅膀长而有力，短小的脚位于身体后部，相对来说很不发达。也正是因为粗壮的身体和不发达的下肢，使得信天翁在陆地上活动时显得十分笨拙。

起飞特征

因为体形又大又重，所以信天翁起飞时需要借助风力将身体推向天空。它有时在地面上进行长距离助跑，以获取足够的升力，有时也会从悬崖边上起飞。

空中滑翔

在广阔的海面上空飞行时，信天翁善于借助强大的气流滑翔。这种飞行方式不仅有助于调节飞行速度，还能节省体力，让信天翁不用拍打翅膀就能在空中悬停，从而更好地搜寻食物。

求偶繁殖

繁殖季节，信天翁会降落在海岛上。求偶时，雄鸟会张开巨大的双翅跳起舞蹈，不久心仪的对象也会跟着它跳起舞来，然后双方用喙互相敲击。当它们都仰起头，发出欢快的鸣叫声时，就表明求偶成功了。结成伴侣后，雌鸟产卵，并与雄鸟共同孵卵和育雏。

大百科小贴士

- 信天翁是食腐动物。
- 全世界有21种信天翁，其中有19种被人们列为濒危动物。
- 信天翁喜欢在风势较大的山坡上筑巢。

鹤

鹤的身材高大，脖子和两条腿又细又长。当它们飞行时，展开大大的翅膀，颈部保持上扬的姿势，长腿拖在身体后面，宛如优雅的仙子。

鹤的种类

鹤的种类很多，每当春暖花开，各种各样的鹤便成群结队地从遥远的南方返回北方。鹤姿态优雅，是天生的舞蹈家。它们常常展开翅膀，踏着优美的步子，同时发出嘹亮的鸣叫声。

“害羞”的蓑羽鹤

蓑羽鹤是一种体形最小的鹤，体长只有70厘米左右，羽毛以灰色为主，背上有蓝灰色的羽毛，好像披着一件蓑衣。蓑羽鹤胆小害羞，从来不与其他鹤类来往，经常孤零零地在水边踱步。

稀有的丹顶鹤

丹顶鹤是世界上体形最大的珍稀鹤类。它们体态轻盈,头顶长有一个显著的红色肉冠。它们的喙长而尖,呈灰绿色,面部、颈部为深褐色,大部分羽毛呈白色。中国古代神话传说中的仙鹤就是丹顶鹤。

“热情”的灰鹤

灰鹤头顶有红黑相间的羽毛,其他部位的羽毛是灰色的。灰鹤睡觉时单腿站立,把尖尖的嘴插在翅膀下面。当遇到其他鹤类时,灰鹤会发出喧闹的鸣叫声,好像是在打招呼。

大百科小贴士

- 世界上只有非洲的灰冕鹤和黑冕鹤能在树上筑巢。
- 鹤的寿命约五六十年,所以古代人用“鹤老”来比喻长寿。
- 看起来斯斯文文的鹤其实是个大嗓门儿,叫声能传两三千米远。

火烈鸟

火烈鸟的外貌奇异漂亮，站立时细长的脖颈弯曲成优美的“S”形。因为它们的羽毛呈鲜艳的火红色，所以得名“火烈鸟”。

像刷子一样的嘴 >>>>>>

火烈鸟的喙构造独特，下喙的沟很深，上喙像一把刷子，不仅能用来捕食，还能用来梳理羽毛。取食时，火烈鸟用喙从泥水中捞取藻类、蛤蜊、小虾和昆虫幼虫等。

漂亮的飞翔姿态 >>>>>>

火烈鸟飞翔时，长长的脖子伸向前方，细长的双腿往后平伸，呈现红、黑、白三种颜色的翅膀伸展开来，看上去有些像喷气式飞机。当许多只火烈鸟一起在空中飞舞时，就像一队飞机在表演飞行特技。

颜色的形成 >>>>>>

火烈鸟爱吃一种水藻，其中含有叶红素，会让它们的羽毛变红。爱美的火烈鸟喜欢对着明净的水面梳理羽毛。

◐ 水边筑巢 >>>>>>

到了繁殖季节，火烈鸟会在小岛上筑巢。它们用嘴把湿泥滚成小球，然后把小泥球一层层地堆积起来，做成一个土墩状的巢。火烈鸟把巢排得整整齐齐，中间还挖出许多小沟，以便与水面相通。

大百科小贴士

- 刚出生的火烈鸟与其他鸟类的雏鸟样子差不多，羽毛也不是红色的。
- 当火烈鸟换毛时，新长出的羽毛也是白色的。
- 火烈鸟必须助跑一大段距离才能起飞，离地之后还要在空中“奔跑”一阵。

蜂鸟

蜂鸟是世界上体形最小的鸟类，几乎跟蜜蜂一样小。它们扇动翅膀的速度特别快，人眼根本就看不清楚，只能听到一阵“嗡嗡”声。

身小食量大

一般蜂鸟的体重约为 2 克，最大的巨蜂鸟体重也只有 20 克左右。别看蜂鸟体形小，它们的食量却很大。蜂鸟的新陈代谢比较旺盛，一只普通的蜂鸟一天吃掉的食物是自己体重的两倍多。

绚丽的外表

蜂鸟的羽毛闪烁着宝石般的光芒。它们头部的羽毛像丝一样纤细，泛着金属光泽，颈部的羽毛像交错的鳞片，绚丽多彩，尾部的羽毛修长优美。

飞行绝技 >>>>>>

蜂鸟在飞行过程中可以任意调整方向，比如上下飞、侧飞，甚至倒飞。蜂鸟还能像直升机一样在空中悬停。不论蜂鸟如何飞，它们扇动翅膀的频率大致都是相同的，每秒 50 ～ 80 次。

采蜜“行家” >>>>>>

由于新陈代谢快，飞行消耗大，所以蜂鸟整个晚上都要蛰伏休息，只有白天才在花丛间穿梭，寻觅食物。花蜜是蜂鸟最喜爱的食物。蜂鸟将长长的喙直接伸入花朵中，利用管状的长舌汲取花蜜。在采蜜的同时，蜂鸟还能帮助植物传播花粉。

大百科小贴士

- 蜂鸟的窝造型十分别致，看上去就像一只小酒杯。
- 蜂鸟的飞行速度很快，每小时可以飞行 90 千米。
- 蜂鸟的体长只有 2 厘米左右，而且飞行速度快，给它们拍照可是件超级困难的事。

喜鹊

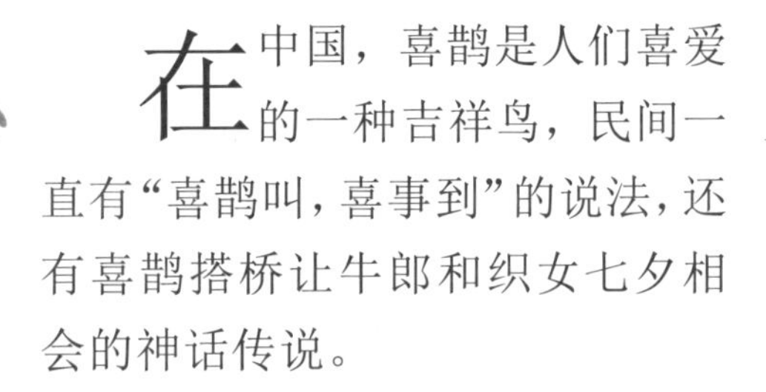

在中国，喜鹊是人们喜爱的一种吉祥鸟，民间一直有“喜鹊叫，喜事到”的说法，还有喜鹊搭桥让牛郎和织女七夕相会的神话传说。

认识喜鹊

喜鹊也叫“鹊”，体长40~46厘米，嘴尖，羽毛大部分呈黑色，肩部和腹部的羽毛呈白色。喜鹊非常机警，当它们成对外出觅食时，常是一只在地面啄食，另一只在高处守望。如有异常情况出现，守望鸟就会发出惊叫，然后双双飞走。

高级建筑师

喜鹊常把巢筑在高树上，用多杈的枯枝搭成。巢的顶部有一个盖子，巢口开在侧面。拆去巢顶，可见下面搭着一根粗如拇指的柳木横梁，这是巢顶的支架。喜鹊能够在巢上架梁盖顶，以防风避雨。喜鹊每年都会建新巢，是位名副其实的建筑大师。

称职的家长

育雏期间，喜鹊会变得格外凶猛，如果有“不速之客”来侵犯，它们就厉声尖叫予以警告。如果来犯者继续入侵，喜鹊就会奋不顾身地俯冲，用翅膀和尖喙向来犯者发起猛烈的攻击。

◐ 天气预报员

喜鹊还是预报天气的行家：清晨，喜鹊一边跳跃，一边发出婉转的叫声，是晴天的征兆；如果喜鹊乱叫，鸣声参差不齐，则是下雨的征兆；如果喜鹊忙碌着储存粮食，则预示着将迎来阴雨连绵的天气。

大百科小贴士

- 在西方，喜鹊是一种凶鸟，代表嫉妒、自负和喋喋不休。
- 喜鹊的翅膀比较短，不能作长距离飞行。
- 喜鹊喜欢在人类居住地附近活动，又常常发出独特的叫声，所以在中国民间被认为是报喜的信号。

鹳

鹳是一种大型水鸟，包括19个亚种，主要分布在热带和亚热带。它们的喙又尖又长，食物以鱼为主，也捕食其他小动物。

白鹳

白鹳主要生活在沼泽和潮湿的地方，以昆虫、鱼、青蛙和小型啮齿类动物为食。求偶时，雄鸟用喙发出“咔嗒咔嗒”的声音，像行礼一样上下不停摆头，而雌鸟也会以同样的动作回应。

黑鹳

黑鹳的身体上部覆盖着黑色羽毛，身体下部的羽毛呈白色。它们的红嘴巴又长又直，能从水中捕捉小动物。黑鹳为候鸟，夏天在北方繁殖，秋天则飞往南方越冬。它们成群迁徙，平时则单独活动。黑鹳不会叫，但能用嘴快速叩击，发出“嗒嗒嗒”的响声。

鞍嘴鹳

鞍嘴鹳经常出没于水域中，有时在水中用力啄击发现的鱼，有时在水生植物间行走并随意啄击，有时将喙来回摆动，靠触觉捉鱼。鞍嘴鹳一般成对在树上筑巢栖息。求偶时，雄鹳会展翅奔跑，露出带有斑纹的羽毛以吸引雌鹳的注意。

秃鹳

秃鹳跟大多数鹳不同，它们不习惯生活在湿地和沼泽，而生活在热带和亚热带的山地平原和多沼泽的森林中。它们以鱼、蛙、爬行类动物为食，常与秃鹫为伍，偶尔食腐，也经常跟在狮群后，捡拾狮子的剩食。

- 黑鹳和东方白鹳都是国家一级保护动物。
- 白鹳每次产 3~6 个卵，4 个星期之后孵化。
- 德国人认为红嘴鹳是吉祥的鸟。

黄鹂

黄鹂羽色艳丽，喙长而粗壮，鸣叫声悦耳动听，是吃害虫的益鸟。它们分布在欧洲、亚洲、非洲、大洋洲等广大地区。

漂亮羽衣

黄鹂体形小巧，通体羽毛金黄绚丽，只有尾部和翅膀有部分黑色的羽毛，好像镶嵌了一条黑边。某些种类的黄鹂头部的羽毛也是黑色的。另外，黄鹂的眼睛呈血红色，喙呈粉红色，脚爪则呈蓝色。

快速飞行

黄鹂的飞行姿态呈直线形，双翅振动的幅度很大，飞行的速度很快。金黄的身姿在绿丛中穿梭，犹如一道金光，转瞬即逝，古人以“金梭”来形容它们。

动人的歌声

黄鹂不但外表美丽，而且歌声清脆悠扬，极为动听，有时也会发出尖厉的叫声。

筑巢繁殖

黄鹂的巢十分精致，由麻丝、碎纸、棉絮、草茎等编成深杯状，悬挂在高大树梢的水平树枝上，好像摇篮一样，十分牢固。黄鹂喜欢吃昆虫，尤其是在雏鸟孵出后，更是四处寻找害虫，哺喂雏鸟。

大百科小贴士

- 黄鹂胆子比较小，很少到地面活动，常在树丛间穿梭。
- 养在笼子里的黄鹂烦躁不安，很少鸣叫。
- 黄鹂主要生活在温带和热带地区的阔叶林中。

巨嘴鸟

巨嘴鸟的嘴巴看上去与身体非常不协调。它的嘴巴虽然大，但是并不重，而且颜色绚丽，所以十分受人喜爱。

构造奇特的大嘴

巨嘴鸟的嘴巴那么大，却一点都不重，奇妙之处就在于嘴巴的构造。它的嘴巴外面是薄薄的硬壳，里面是一层海绵状的多孔组织。但可惜的是，这决定了巨嘴鸟的嘴巴很脆弱易碎。不过，有些巨嘴鸟即便嘴巴缺失了一部分仍能照常生存。

有趣的进食方式

巨嘴鸟的食物以果实为主，也吃昆虫、蜥蜴、蛇、小型鸟类及鸟卵。巨嘴鸟不像其他鸟类那样啄食，而是用嘴尖把食物叼住，然后将食物用力向上抛，再仰头张嘴让食物直接落入口中吞咽下去。

千奇百怪的叫声

巨嘴鸟的嘴巴很大，却不是一个优秀的歌唱家。它的叫声不怎么好听，或像蛙鸣声、犬吠声，或为尖锐刺耳的声音。只有少数巨嘴鸟拥有优美动听的鸣叫声。

◐ “不称职”的父母 >>>>>>>

雌性巨嘴鸟产卵后，会和雄鸟一起分担孵卵任务。但是它们常常缺乏耐心，很少会坐孵一小时以上。而且巨嘴鸟容易受到惊吓，一有风吹草动，立刻离巢飞走，往往不顾卵的安全，甚至不会将卵遮掩起来。

大百科小贴士

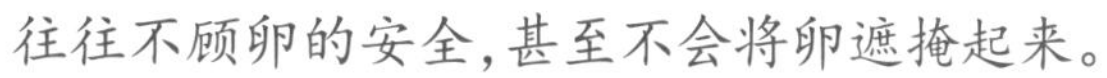

- 由于巨嘴鸟的父母不太负责，所以很多小巨嘴鸟在夜里被捉走吃掉。
- 巨嘴鸟的大嘴在高温的环境下可以帮助身体降温。
- 巨嘴鸟五彩斑斓的大嘴常常吓得猎物们一动不动，根本不敢发起攻击。

极乐鸟

极乐鸟喜欢顶风飞行，它们的羽毛颜色鲜艳，有各种绮丽的形态，而且行踪神秘，人们又称它们为“天堂鸟”或者“太阳鸟”。

大极乐鸟

雄大极乐鸟的额头是墨绿色的，头颈是黄色的，胸腹的羽毛是古铜色的，中央的尾羽像金丝一样，两肋的羽毛像金纱一样，漂亮极了。在繁殖期间，雄鸟群集于大树上，高举双翅，伸直颈部，耸起羽毛并持续颤动，进行集体表演，异常壮观。

萨克森极乐鸟

萨克森极乐鸟身长约 22 厘米，眼睛后面长有两根长达 50 厘米的羽毛，饰羽上约有 40 片似珐琅质的方形裂片。更奇特的是，它们的两根饰羽并不对称，一根生着不连贯的蓝白色绒毛，另一根则是茶褐色的，就连鸟类学家都惊叹不已。

◐ 线翎极乐鸟 >>>>>>

线翎极乐鸟黑色的翅膀下有两簇白色线翎，根部是黄色的。在尾羽上还有两根细长的黑色线状羽毛。求偶时，线翎极乐鸟倒挂在树上，有韵律地摆动，使饰羽产生不同程度的虹光，并发出独特的叫声，以吸引雌鸟的注意。

◐ 长尾极乐鸟 >>>>>>

雄长尾极乐鸟的羽毛有黑色光泽，有彩虹般的翎领，长尾多数为黑色；长尾极乐鸟的翅膀下面，有一团金黄色的绒羽，平时被翅膀盖住看不见，舞蹈时会竖立起来，向外展开，绚丽无比。有人称长尾极乐鸟为无足鸟，其实它们的足只是被藏在华丽的羽毛里了而已。

大百科小贴士

- 极乐鸟是巴布亚新几内亚的国鸟，象征着自由。
- 极乐鸟生活在人迹罕至的高山丛林中，人们称它们为住在“天国乐园”的鸟。
- 极乐鸟的叫声不太美妙，非常单调，有的像风啸声，有的像口哨声，不过，它们能模仿多种声音。

雕

雕是一种鹰科大型猛禽，体形粗壮，翅膀及尾羽长而宽阔，常在靠近山区的高空翱翔。雕以啮齿动物、大型哺乳动物的幼崽等为食。

金雕

金雕上体为棕褐色，下体为黑褐色，喙大而有力。金雕飞行速度极快，常沿直线滑翔或盘旋在高空。金雕经常把巢建在难以攀登的悬崖上，以野兔、土拨鼠和其他中小型动物为食。

食猿雕

食猿雕生活在菲律宾的热带雨林中。它们的翅膀大而宽，末端圆圆的。它们的尾巴很长，这种身体构造使它们能在树枝间迅速而灵活地飞行。食猿雕主要捕食森林中的猴子、蛇和犀鸟等树栖动物。食猿雕的叫声为连续的长嘘声，与强壮的体形相比，叫声显得微弱了一些。

渔雕

渔雕是食鱼的猛禽，头部和颈部都是白色的。它们常在湖泊、河流等水面上空盘旋，发出响亮的鸣叫声。当发现水中有猎物时，它们可以立即两脚在前，举翅向下俯冲，甚至将整个身体浸入水中，用两脚抓住猎物，带到树枝上或巢中吃掉。

白头海雕

白头海雕生活在北美洲，成年白头海雕的体长可达 1 米，翼展可达 2 米。白头海雕的眼、嘴、脚为淡黄色，头、颈和尾部的羽毛为白色，身体其他部位为暗褐色，显得威严漂亮。白头海雕是美国的国鸟。

大百科小贴士

- 雕喜欢在悬崖或者高树上静等猎物出现，然后俯冲扑食。
- 白头海雕的眼睛上有一个骨质的突起，能挡住刺眼的阳光。
- 食猿雕在森林里飞行穿梭时，能在空中灵活地转弯，捕捉猎物。

鸭嘴兽

鸭嘴兽是目前世界上哺乳纲中最原始、最奇特的动物之一，也是最具代表性的卵生哺乳动物。它们生活在澳大利亚，是澳大利亚的特有物种。

长相怪异

鸭嘴兽的外形既像哺乳动物，又像鸟类。鸭嘴兽全身都长着柔软、浓密的黑毛，身体像水獭；尾巴又长又宽，像海狸；可是它们的脚趾上还长着蹼，嘴巴又扁又平——这些都很像鸭子。

游泳高手

鸭嘴兽是水陆两栖动物，大部分时间都生活在水里。它们用前肢蹼足划水，靠后肢掌握方向，是游泳健将。它们胖乎乎的身体表面披着一层亮毛，因此入水后不会湿透。它们的耳朵没有耳郭，但有一个小小的耳孔，游泳时耳孔关闭，可以防止进水。

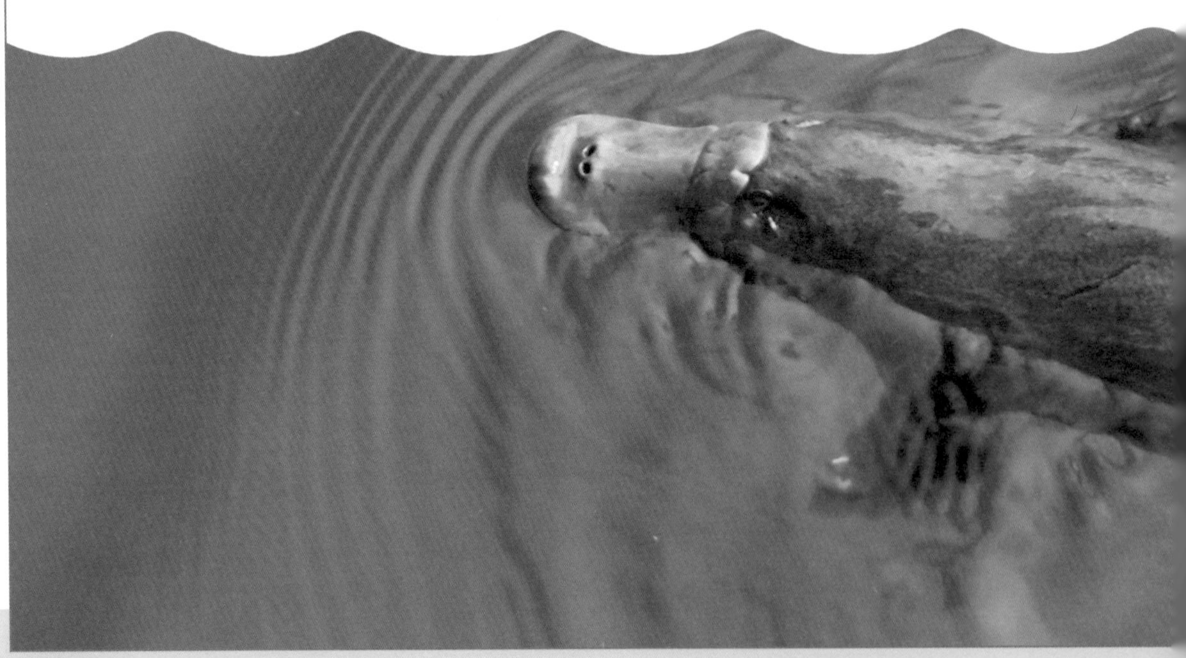

哺育后代

鸭嘴兽妈妈产下的卵是软壳的，一次产两三枚，然后它们趴在上面将卵孵化。差不多10天之后，小鸭嘴兽就破壳而出了，这时它们体长大约只有3厘米，眼睛看不见东西，也没有尾巴。鸭嘴兽妈妈会仰面朝天地躺着，让小鸭嘴兽爬到它们的肚子上吃奶。

液态“武器”

鸭嘴兽不仅爪子锐利，在雄兽后脚的大脚趾上还长着一根锋利的毒刺。这根毒刺和蛇的毒牙很相似，能分泌致命的毒液，是它们防御敌害的“护身符”。雌鸭嘴兽出生时也有毒刺，但长到30厘米长时就消失了。

大百科小贴士

- 鸭嘴兽最奇特的地方在于既是卵生，又能哺乳。
- 小鸭嘴兽出生6个月后，就能自己下水觅食了。
- 鸭嘴兽吃水生昆虫、小鱼和小虾。

海豚

海豚是生活在海洋中的哺乳动物，与人类很亲近，温驯可爱，还很聪明。

救生员和语言家

如果看到有人掉进海里，海豚就会把他推到岸边，简直就是人类的海上救生员！海豚不但是救生员，还是天生的语言家——它们能根据不同的情况发出不同的声音。

不眠的动物

与其他哺乳动物不同，海豚的睡眠方式十分独特。它们睡觉的时候，左脑和右脑并不是同时处于睡眠状态。当一边大脑在睡眠时，另一边的大脑仍在工作；每隔十几分钟，两边大脑半球的活动方式就会变换一次。这样，它们才能在危机四伏的海洋环境中时刻保持警惕。因此，人们称海豚为“不眠的动物”。

◐ 聪明的脑袋 >>>>>>

海豚天生聪明伶俐，它们有着发达的大脑。经过训练，海豚能在人的指挥下翩翩起舞，做出许多高难度动作。海豚的大脑不但大，而且重，脑重和体重的比例甚至超过灵长类动物。

◐ 慈爱的母亲 >>>>>>

海豚是用肺呼吸的哺乳动物，它们在游泳时可以潜入深水里，但每隔一段时间就得把头露出海面，用头顶的气孔呼吸，否则就会憋死。因此，对刚刚出生的小海豚来说，最要紧的就是赶快露出水面呼吸。海豚妈妈会用嘴轻轻地把小海豚托到水面上来，使它能够呼吸。

大百科小贴士

- 海豚喜欢过群居生活，少则几头一群，多则数百头一群。
- 海豚依靠声波来沟通、探路和寻找食物。
- 海豚的潜水记录是300米，而人不穿潜水衣只能下潜20米。

海狮

海狮是海洋中的兽类，因为面部长得像狮子，吼声也像狮子，所以被叫作海狮。有些雄性海狮的颈部还长着雄狮一样的长毛。

家在海洋

海狮长着圆圆的脑袋，鱼鳍一样的前肢使它们能在陆地上行进。但是，它们大部分时间都待在海洋里，因为它们在海洋里才能捕捉到食物，鱼类、乌贼和章鱼等动物都是海狮的捕食目标。

惊人的食量

海狮是食肉猛兽，它们身体粗壮，食量惊人。人工饲养的海狮一天可以吃40千克的鱼。在自然条件下，海狮的活动量更大，食量也会增加一倍。

身边的危险

海狮饱餐之后便会离开水面，到陆地上养精蓄锐。它们有时会在太阳底下躺上几个小时，有时会在海滩上滚来滚去。不过，有时会有虎鲸从水中冒出来，捕食离海最近的海狮。

海狮的繁殖

海狮妈妈每胎只生产一只小海狮。刚出生的小海狮体长不足 1 米，体重只有 5~10 千克，能发出微弱的叫声。小海狮满月后，海狮妈妈就下海去觅食，几天后才回来。海狮妈妈会通过叫声和气味来辨认自己的孩子。

大百科小贴士

- 海狮游泳的时候会高高地抬起头，以前肢划水获得动力，以后肢摆动控制方向。
- 在陆地上活动的时候，海狮能够抬起上半身行走甚至奔跑。
- 雄海狮的身体比雌海狮长，颈部生有长而粗的鬃毛。

鲸

鲸有着流线型的身体，在水中游动时，扁平的尾巴可以提供动力。鲸大致可分为两类——须鲸和齿鲸。现今世界上最大的动物蓝鲸就属于须鲸。

鲸不是鱼

鲸并不是鱼，而是哺乳动物，用乳汁哺育幼崽。科学家们推测，几百万年前，鲸曾生活在陆地上，用脚行走，后来为了寻找食物进入海洋。为了适应海洋生活，鲸的四肢慢慢退化，前肢缩短成鳍，最终变成了一生都生活在水里的哺乳动物。

鲸喷

鲸是用肺呼吸的，它的鼻孔长在头顶上。当它的头部露出水面呼吸时，呼出气体中的水分在空中突然遇冷形成水蒸气。强烈的水汽向上直升，并把周围的海水一起卷出海面，蓝色的海面上便出现了一股蔚为壮观的水柱——鲸喷。

须鲸 >>>>>>

须鲸是海洋中的庞然大物。它没有牙齿，但有角质材料构成的三角形薄片——鲸须。须鲸饿了的时候，就张开大嘴，把嘴边的鱼虾统统吸进嘴里，然后合起嘴巴，用舌头把海水从鲸须缝中挤出来，剩下的食物就可以吞进肚子了。

齿鲸 >>>>>>

齿鲸的体形比须鲸小得多，它们长有牙齿，可以主动追捕猎物，主要以乌贼、鱼类为食，有的还能捕食海豹和其他鲸类。最凶猛的齿鲸是虎鲸，它们能够把海豹一口吞下，也会成群结队地攻击体形更大的鲸。

大百科小贴士

- 蓝鲸是当今地球上最大的动物，大约有100~120 吨重。
- 抹香鲸体内的龙涎香是一种极为名贵的香料，但也出于这个原因，抹香鲸被大肆猎杀，种群数量急剧减少。
- 座头鲸可以不使用声带而通过体内空气的流动来发出声音，这种声音在水下能传到 8 千米外。

树袋熊

树袋熊属于有袋类动物，因常在树上活动而得名。它们浑身毛茸茸的，行动缓慢、神态憨厚，是澳大利亚特有的动物。

以树为家

树袋熊一生中的大部分时间都是在桉树上度过的。白天，它喜欢抱着树杈闭目休息，虽然大耳朵低垂，但是周围一旦有动静，树袋熊便马上有所察觉；夜间，树袋熊会外出活动，在树林间来回移动，或者到地面上行走。

攀爬高手

树袋熊肌肉发达，四肢强壮，适于在树枝间攀爬。另外，粗糙的掌垫和趾垫可以帮助树袋熊抱紧树枝，尖锐的长爪让它能牢牢地攀附住树枝，即使熟睡也不会掉下来。

天然“香水”

树袋熊对食物非常挑剔，只吃两三种桉树的树叶和树芽，很少喝水，主要靠食物中的水分维持生命所需。由于桉树叶中含有能发出香味的物质，所以树袋熊的身上总是散发着一种淡淡的清香。

◐ 温暖的育儿袋 >>>>>>

小树袋熊出生后，会在妈妈的帮助下爬进育儿袋里找奶吃。树袋熊的育儿袋向后开口，便于小树袋熊爬进。小树袋熊在育儿袋中待上八九个月才能离开，然后跟随妈妈四处活动。小树袋熊长到 4 岁左右时就能独立生活了。

大百科小贴士

- 树袋熊尾部的毛特别厚，像一个大坐垫，让它能长时间舒服地坐在树上。
- 树袋熊是最能睡的动物，一天可以睡 22 个小时。
- 桉树叶里含有剧毒物质，不过树袋熊的肝脏十分神奇，可以分解这些有毒的物质。

袋鼠

袋鼠总是蹦蹦跳跳，十分可爱。雌袋鼠的肚子上有个口袋，小袋鼠出生后会在里面生活一段时间，等足够强壮了才离开这个温暖的摇篮。

跳远冠军

袋鼠最特别的本领就是跳跃。它的两条前肢比较短，好像我们的手臂；而两条后肢粗壮有力，一下能跳出好几米。袋鼠在跳跃时，那条比腿还粗的尾巴派上了大用场，可以帮助身体保持平衡。

好斗的“拳击手”

雄袋鼠非常好斗，有时候甚至要拼个你死我活。争斗时，袋鼠挥动前肢，互相抓挠，好像是在打拳击；有时，它们抬起两条后腿，用力蹬对方，甚至还用力撞对方的身体。

反应敏捷的逃生者

袋鼠喜欢在凉爽的夜间外出活动，爱吃草和树叶。它的视觉和听觉都很灵敏，一旦发现危险，就会迅速逃生。如果遭遇强敌的追赶，袋鼠会在逃跑时突然转身，以极快的速度绕过敌人，向相反的方向逃跑，使敌人措手不及。

幸福的童年

刚出生的小袋鼠非常小，浑身光溜溜的。出生后，它会爬到雌袋鼠的口袋里，找一个舒服的姿势吮吸乳汁。5 个月后，小袋鼠就可以从妈妈的口袋中探出头来看外面的世界。1 岁时，小袋鼠才离开妈妈独立生活。

大百科小贴士

- 袋鼠的尾巴非常有力，可以在休息时支撑身体，像凳子一样。
- 雌袋鼠会用自己无比强劲的舌头清理育儿袋。
- 袋鼠奔跑的速度将近每小时 50 千米，跑得很快。

刺猬

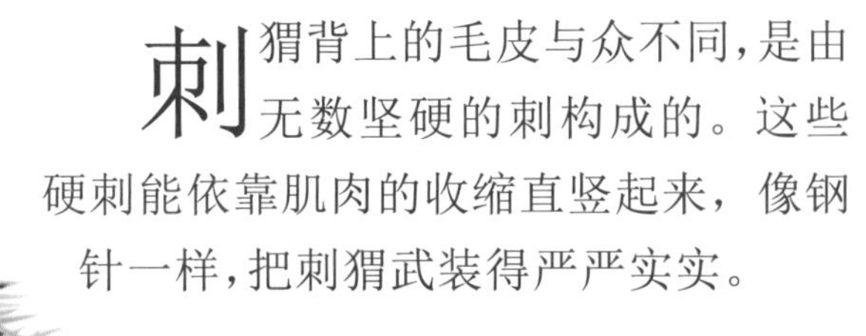

刺猬背上的毛皮与众不同，是由无数坚硬的刺构成的。这些硬刺能依靠肌肉的收缩直竖起来，像钢针一样，把刺猬武装得严严实实。

硬刺的作用

刺猬满身的硬刺是它保护自己的武器。当刺猬遭遇危险时，就把头埋在胸前，身体缩成一团，包住四肢，全身的刺都直立起来，活像小小的“刺球”，让敌人无处下口。

发达的嗅觉

刺猬的嗅觉非常发达。它最喜欢吃蚂蚁和白蚁，而这两种动物总是躲在阴暗的洞穴里。因此，刺猬会用鼻子在地面上不停地闻。一旦闻到猎物的味道，它便用爪子挖开洞口，然后将长而黏的舌头伸进洞内一舔，就能美美地吃上一顿。

◐ 狡猾的敌手 >>>>>>

要是遭遇狡猾的狐狸，刺猬的硬刺就不管用了。因为狐狸能使劲儿把嘴插进刺猬柔软的肚子，然后把它扔向天空。当刺猬摔下来时，就失去了自卫能力，狐狸便会趁机将刺猬咬死。

◐ 一觉睡到春天 >>>>>>

刺猬是冬眠动物。在漫长的冬天里，它用睡觉来抵御严寒。刺猬躺在枯枝落叶下面的洞里冬眠，甚至连呼吸都会停止。这时候就是把它扔进水里，它也醒不过来。冬眠中的刺猬偶尔会醒来，但不吃东西，很快又会入睡。

大百科小贴士

- 刺猬也喜欢吃西瓜，它会把西瓜的根咬断，然后背着西瓜走。
- 刺猬胆小怕光，喜欢安静，白天就在洞里睡觉，睡觉的时候还会打呼噜呢。
- 冬眠的刺猬如果过早醒来，就会活活饿死。

穿山甲

穿山甲喜欢吃蚂蚁和白蚁。它身上覆盖着层层叠叠的鳞片，前足长有尖利的趾爪，头部又小又尖，掘洞的速度非常快。

借住蚁穴

穿山甲会在泥土中挖洞，洞道较长，末端有巢穴。有时，它也会把一个蚁穴里的白蚁吃光，然后运来一些干草和枯叶垫在洞里，然后住在里面，有时住几天，有时住几个月。穿山甲怕冷，所以巢穴多是向阳的。

御敌有术

穿山甲遇上天敌时，会马上把身体缩成一团，把头埋在胸前，用大尾巴挡住，然后一动不动地装死，像一个大铁球。有时候，它也伸出一只前爪当武器，以防不测。

游水娱乐

穿山甲的皮下长有约1厘米厚的脂肪层。瓦状排列的鳞片间隙存有空气，因此穿山甲能借助浮力在水中漂浮，用前后肢划水，使身体前进。有时，穿山甲为了避开敌人，会暂时潜入水中。

喜好清洁

穿山甲平时独居在洞穴中，喜好清洁，从不随地排便。穿山甲会先在洞口的外边一两米的地方挖一个5~10厘米深的坑，将粪便排入坑中，然后再用土掩埋好。实际上，这种习性也是为了防止天敌循味而来。

大百科小贴士

- 穿山甲遇到敌人时就会把身子缩成一个圆球，还会从肛门喷射出一股有臭味的液体。
- 穿山甲依靠灵敏的鼻子寻找蚂蚁和白蚁的巢穴。
- 小穿山甲伏在妈妈的背上，跟妈妈一起生活，直到长大。

蝙蝠

每当夜幕降临，蝙蝠便倾巢出动寻找食物。吃饱喝足后，它们就回到漆黑的洞穴，整个白天都倒挂在洞顶睡觉。

会飞的哺乳动物

蝙蝠的面部长得有点像老鼠，但它们不是老鼠，而是会飞的翼手目动物。蝙蝠身上并没有羽毛，但是它们可以依靠自己独特的飞行器官——翼手来飞行。它们是目前地球上唯一可以飞行的哺乳类动物。

秘密武器

即便是在黑夜里，蝙蝠也能自如地飞行，这并不是因为它们视力发达。蝙蝠在飞行时会发出一种人耳听不到的超声波，这种超声波遇到前方的物体就会反射回蝙蝠的耳朵里。这样，蝙蝠不但不会撞到墙，还能准确地捕捉到飞行中的昆虫。

◐ 吸血魔鬼？>>>>>>

在人们的印象中，吸血蝙蝠似乎是一种很恐怖的动物，因为它们靠吸血为生。它们常降落于牛、马、鹿等寄主附近的地面上，然后爬上这些动物的肩部或颈部，利用锋利的牙齿，切开几毫米厚的皮肤，再用舌头舔食流出的血液，但是它们的攻击一般不致命，真正危险的是它们通过吸咬传播的疾病。

◐ 倒挂着睡觉 >>>>>>

因为蝙蝠的腿短小无力，当它们落在地面上时，只能用翅膀协助走路，并且很难再飞起来。所以它们更愿意爬到高处倒挂起来，遇到危险时，它们松开爪子就能起飞。这样一来，即使睡觉时遇险，它们也有机会逃脱。

大百科小贴士

- 蝙蝠的翅膀是一层覆盖在前肢、指骨上并连接身体的薄薄的皮膜，叫作“翼膜”。
- 大多数蝙蝠对人类有益。它们吃苍蝇、蚊子等昆虫，还能帮植物播撒种子、传播花粉。
- 蝙蝠的翼膜能帮助它们自由自在地飞行，甚至悬停在空中。

河狸

河狸是杰出的建筑师，它们终生都在水中修建坚固的堤坝。有些河狸修建的堤坝，人们甚至可以骑着马从上面通过。

建筑师的工具

河狸长着结实的下颚和尖利的门牙，能咬断坚硬的树枝。它们的前爪也十分尖锐，后脚掌有像鸭子一样的蹼，是游泳的工具。河狸的尾巴也很特殊，扁平无毛却布满鳞片，好像一把桨，能使它们游得更快。

修筑堤坝

河狸喜欢在池塘、河湖或沼泽中筑坝。树枝、石块和泥土是它们筑坝的材料。首先，河狸用门牙咬断树木，使它倒向水中。把树木在水中放置好以后，河狸用灵巧的前爪把泥土或石块高高举起，填充在树枝的缝隙里。日复一日，一条拦水堤坝就修成了。

建设家园

河狸修筑堤坝是为了拥有安全的家。堤坝能堵住河流，形成一个池塘，河狸就在这里繁衍生息。堤坝中间的巢分为两层，上层是干燥的卧室，下层在水面以下，是用来堆积树皮、树枝和芦苇等物品的“仓库”。

小河狸

小河狸刚出生时身上长有柔软的毛，能睁开眼睛，并能在水里游动，但不善于潜水。河狸妈妈经常用嘴叼着它在水中游泳。小河狸和妈妈一起生活到两岁，然后才离开家，组建新的家庭。

大百科小贴士

- 河狸的腺囊能分泌一种“河狸香”，是世界上著名的香料。
- 河狸善于游泳和潜水，它们游泳的速度比鱼还快。
- 河狸喜欢群居，同一个家族的成员往往居住在一个巢穴里。

兔子

兔子体形较小，大多长着长长的耳朵、三瓣嘴和短小的尾巴。它们的警惕性非常高，一旦发现危险，能立即飞速逃跑。

天生爱打洞

大多数兔子都会打洞，而且洞口不止一个。它们打洞筑巢，既是为了生育和休息，也是为了躲避敌害。由于种类不同，兔子的洞穴类型也有差异，土质的松软、沙化或坚硬也影响着洞穴的形状和规模。

快速繁殖

兔子的繁殖速度非常快，一只雌兔一年可以生产多次。一只8个月大的雌兔怀孕30天后可以生下5~10只小兔。所以，虽然兔子是许多肉食性动物的猎食对象，但这并没有令它们的种群数量减少。

边吃边观望

大多数兔子习惯在黎明、黄昏或夜间外出寻找草、嫩根等食物。它们的眼睛很大，视力很好，在昏暗的环境中也能把周围看得很清楚。即使在进食的时候，它们也能发现试图靠近的敌人，并迅速找出逃跑的路线，及时避开危险。

喝水还是不喝水

兔子没有汗腺，所以不会流汗，它们靠长耳朵散热，排出的尿液中所含的水分也很少，所以兔子对水的需求比其他动物要少。有些野兔只靠从植物中摄取的水分就能满足自身需要，所以兔子很少到河边喝水。

大百科小贴士

- 兔子也会用叫声表达心情，兔子咕咕叫的时候就是在生气。
- 兔子的眼睛长在脸的两侧，因此它们的视野非常开阔。
- 小白兔的瞳孔反射了外界的光线，所以它们的眼睛看起来是红色的。

兔狲

兔狲跟兔子没关系，属于猫科动物，外貌体形和家猫很像。它的四肢很短，浑身长有又密又软的长毛，看起来像个大绒球。

萌萌的猫族成员

成年兔狲的体重约为两三千克，体长 50~65 厘米，比家猫粗壮。它的额头很宽，嘴很短，嘴边长着长长的胡须。兔狲的眼睛呈黄色，瞳孔大，在亮光下能缩小，但不会像猫的瞳孔一样变成细缝。

全身覆满长毛

兔狲生活在高寒地带，全身的毛发又长又厚，细密柔软，尤其是腹部的毛，比背部的长一倍多。在漫长的冬季，兔狲长长的腹毛能把身体和冰冷的地面隔开。兔狲的足底长有厚厚的肉垫，行动敏捷，悄无声息。

◐ 凶悍的捕猎能手 >>>>>>

兔狲看似笨拙，其实性格凶猛，长有锋利的爪子和牙齿，特别善于捕捉鼠类。兔狲常常为了争夺食物和毒蛇大打出手，它会诱使毒蛇喷尽毒液，然后直接闪电般地用牙齿咬住毒蛇，堪称“杀蛇高手”。

◐ 兔狲的繁殖 >>>>>>

兔狲妈妈每胎可产崽3~6只，初生的小兔狲更像家猫，全身披着灰色的绒毛。兔狲妈妈会教它们觅食和战斗。1岁时小兔狲就离开母亲，另寻领地自己生活。兔狲的寿命通常可达10~12年。

大百科小贴士

- 兔狲的视觉和听觉十分灵敏，能够在夜间迅速、准确地捕食猎物。
- 兔狲习惯独居，有时候会闯入其他动物的巢穴，来个“鸠占鹊巢”。
- 每年二三月是兔狲的交配季节，几只雄性为争夺一只雌性，会进行激烈的争斗。

梅花鹿

梅花鹿身材匀称，体态优雅，身上布满梅花似的白色斑点，在阳光下会泛出美丽的光泽。

身体特征

梅花鹿的头部略圆，耳朵长而直立，眼睛又大又圆，眼窝明显，颈部较长，尾巴较短，四肢细长且有力。季节更替时，梅花鹿的毛色会随着环境的变化而变化，夏季时为栗红色，冬季时为黄褐色。

美丽的鹿角

雌性梅花鹿没有角，雄鹿的头上有一对美丽的角。每年4月，雄鹿的老鹿角就会脱落，美丽的新鹿角开始生长。新生的鹿角表面由一层棕黄色的绒皮包裹着，皮下血管密布。进入9月后，鹿角会逐渐骨化，表皮逐渐脱落，坚硬光滑的鹿角才会完全露出。

敏感的性情 >>>>>>

梅花鹿生性敏感、行动敏捷，听觉和嗅觉都非常发达。如果它们在进食时察觉有危险，就算敌人尚未出现，也会立即停止进食，进入戒备状态，警惕地探察周围环境，以便朝安全的地方逃生。

集群生活 >>>>>>

梅花鹿的集群性很强，通常三五成群，多的时候20多只集群活动。鹿群主要由雌鹿和小鹿组成。雄鹿大都独来独往，只有在繁殖季节才会返回到群体中。梅花鹿的繁殖季节在秋季，这时雄鹿非常凶，会主动攻击人。

大百科小贴士

- 夏季梅花鹿在森林中觅食，喜欢在水中泡着。
- 带茸毛的嫩角叫作鹿茸，是名贵的药材。
- 梅花鹿自古以来就是健康、幸福和吉祥的象征。

长颈鹿

长颈鹿是当今世界上个子最高的陆生动物，这是因为它们的脖子超级长。长颈鹿的老家在非洲，大多栖息在非洲的稀树草原上。

它们的脖子为什么这么长？

其实，长颈鹿的祖先脖子并没有这么长，但是在漫长的进化过程中，脖子长的个体因为能吃到更高处的树叶，在生存竞争中获得了优势，同时，较矮的个体就被逐渐淘汰了。

长脖子的好处和麻烦

除了能吃到高处的树叶外，长脖子还给长颈鹿带来了其他好处。比如，站得高、望得远，长颈鹿一抬头就能看到一大片地方，可以及时发现远处的敌人。可是，长脖子也有不方便之处：喝水的时候，长颈鹿需要努力叉开前腿，才能把头低下来喝到水。幸运的是，长颈鹿所需要的大部分水分可以从食物中获取，在食物中水分充足的情况下，长颈鹿甚至可以一年不喝水。

惊人的血压

因为个子高，长颈鹿生来就是“高血压”。它们的血压是成年人正常血压的3倍。那为什么长颈鹿低头喝水的时候不会发生脑出血呢？这是因为长颈鹿的颈静脉中有很多个阀门一样的瓣膜，当一定量的血液经过时，这些“阀门”就会关闭，于是长颈鹿的脑血管就不会承受那么大的压力了。

◐ 防范天敌

狮子是长颈鹿最主要的天敌。成年长颈鹿的腿又长又健壮，奔跑起来速度很快，而且紧急关头能用有力的蹄子踢踩对方，攻击力很强，甚至可将狮子置于死地。年幼的长颈鹿自卫能力稍差一些，比较容易遭到天敌的袭击。长颈鹿是一种警惕性非常高的动物，睡觉时会将两条前腿和一条后腿弯曲在肚子下，另一条后腿伸展在一边，头安放在伸展着的后腿旁，耳朵始终竖立着，一旦发生紧急情况，它们就可以一跃而起，迅速逃跑。

大百科小贴士

- 长颈鹿有 4 个胃，和牛一样，也是反刍动物。
- 长颈鹿的怀孕期长达 15 个月。
- 长颈鹿是群居动物，生性温驯，被称为“动物绅士”。

骆驼

沙漠里环境十分恶劣，烈日炎炎、黄沙漫天，骆驼却能悠闲地生活，还能载人载物在沙漠中行走，所以人们叫它们“沙漠之舟”。

防暑高招

骆驼一般不出汗。它们身上有一层厚毛皮，能像毛毡一样抵挡太阳的暴晒。骆驼一分钟大约呼吸 16 次，这样就不会消耗太多体力。它们鼻内有很多细细的管道，平时会分泌液体，但当体内缺水时，这些管道会停止分泌液体，在管道表面结出一层硬皮，呼吸时排出的水分被硬皮阻挡从而留在体内，被循环利用。

古怪的长相

骆驼有羊一样的头、兔子一样的嘴、牛一样的蹄子和马一样的鬃毛。不过最奇特的还是它们背上高高隆起的驼峰。人类第一次见到骆驼的时候，还以为是马受伤以后背部肿起来了。

◐ 驼峰里的秘密 >>>>>>

骆驼的背上有凸起的驼峰。有的骆驼只有一个驼峰(单峰驼),有的骆驼有两个驼峰(双峰驼)。驼峰里面贮藏着大量的脂肪。当骆驼长途行走时,脂肪就会分解成有用的营养和水分。

◐ 单峰驼和双峰驼 >>>>>>

刚出生的单峰驼没有驼峰,在成长的过程中,驼峰才逐渐长出。单峰驼几乎能吃所有植物。双峰驼能吃沙漠和半干旱地区的所有植物,甚至能吃其他植食性动物不吃的含盐碱植物。

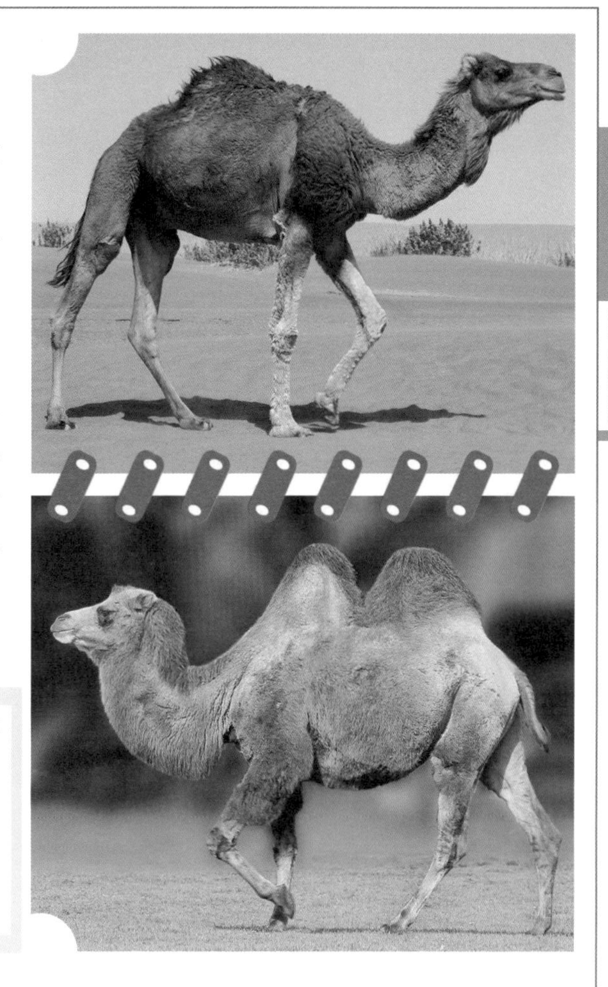

大百科小贴士

- 骆驼肚子饿的时候,可以吃下皮革、绳索甚至帐篷。
- 骆驼的一个驼峰,重量可达 30 千克以上。
- 驼峰里的脂肪可以形成“隔热层”,减少体内水分蒸发,还可以散热。

河马

河马生活在非洲的热带河流中，它有一对小小的耳朵、两只圆圆的眼睛、两个凸起的大鼻孔和一张大嘴巴。

河马的生活

河马善于游泳，每天大部分时间都待在水中，夜晚才爬上河岸饱餐一顿，就连生孩子、喂奶也在水中进行。河马的鼻孔、眼睛和耳朵长在头的上部，方便它呼吸、观察、倾听水面周围的动静。

外表憨厚的杀手

河马看起来很温驯，但它对敌人却毫不留情。河马在陆地上能把侵犯它的敌人拖进水里活活淹死，也能把河里的敌人拖到岸上，然后用它粗壮有力的短腿把敌人狠狠踩死。

◐ 脾气暴躁的母亲 >>>>>>

雌河马怀孕生子之后，就不允许雄河马靠近自己和孩子们了。一旦雄河马靠近小河马，河马妈妈就会大发雷霆，高声怒吼，把雄河马吓走。为了保护小河马，雌河马会变得十分凶狠，甚至可以一口把一条大鳄鱼咬成两段。

◐ “血汗”的秘密 >>>>>>

河马没有汗腺，但身体里的皮下腺体能分泌出黏稠的汗液。这种汗液会逐渐从无色变成红色，直至最后变成棕褐色，人们称之为“血汗”。专家研究发现，河马汗液中含有红色素，可以吸收紫外线，是绝佳的防晒霜。

大百科小贴士

- 河马的嘴巴张开后的角度最大可达 90°。
- 河马的寿命长达 40 年。
- 在陆地动物中，河马的体重仅次于大象和犀牛。

大象

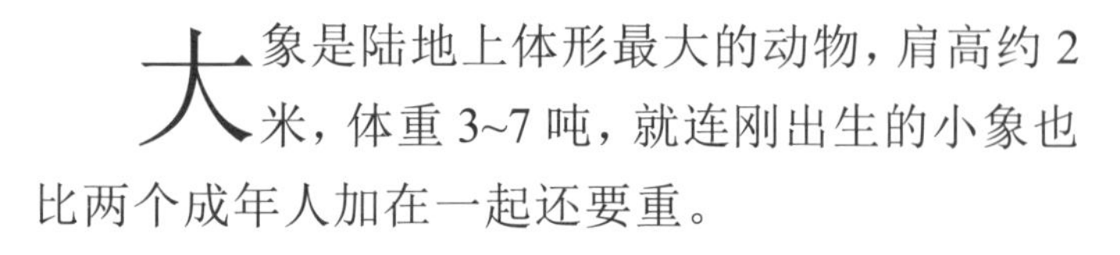

大象是陆地上体形最大的动物，肩高约 2 米，体重 3~7 吨，就连刚出生的小象也比两个成年人加在一起还要重。

草原霸主

因为身材高大，大象几乎没有天敌，即使被称为“草原霸主”的狮子也不敢轻易去招惹它们。但是近年来，人类的肆意猎捕使大象的数量越来越少了。

多功能的长鼻子

大象的鼻子除了呼吸和闻味道之外，还有更多功能。它们的鼻子柔韧且肌肉发达，具有缠卷功能，是它们自卫和取食的有力工具。此外，大象灵巧的长鼻子还可以用来喝水、搬运物品、交流感情等，经过训练的大象甚至能用鼻子吹口琴。

◐ 慈爱的母象 >>>>>>>

母象和小象总是形影不离。小象4岁才断奶，到11岁才能长大。这期间，慈爱的母象会一直悉心地照顾小象。小象学走路，母象就站在旁边保护着；小象受到其他动物侵犯时，母象会立刻赶来营救。

◐ 大象家族 >>>>>>>

大象是群居动物，以家族为单位。普通的象群由一二十头大象组成。它们一起觅食，遇到敌人集体防御。因此，一般的动物不敢贸然侵犯它们。大象还具有超强的记忆力，能快速记住周围的事物，并能记住自己的每一位亲属。

大百科小贴士

- 大象打招呼的方式很特别，它们将鼻子缠在一起彼此问候。
- 大象的鼻子上有4万块肌肉，灵活极了。
- 大象的耳朵上布满了密密麻麻的血管，体温过高的时候，大象会通过不断扇动耳朵来散热。

斑马

斑马生活在非洲大草原上，它们的头部像马，但耳朵比马长，尾巴比马短，身上还穿着黑白相间的“条纹服”。

斑马的条纹

斑马黑白相间的皮毛与士兵穿的迷彩服一样，是用来掩护自己、防止被敌人发现的有效工具。在白天和晚上，斑马的条纹会反射阳光和月光，使它们和周围的草丛、树林融为一体，敌人很难发现。

广交朋友

斑马喜欢成群地生活在一起，也很喜欢和其他动物待在一起，比如鸵鸟和羚羊。因为鸵鸟的视野很广，而羚羊是很机警的动物，一旦出现危险，它们便会提前发出警报，这样，斑马就可以和它们一起逃命。

◐ 神奇的找水本领

斑马天生具有神奇的找水本领，它们会在干涸的河床或可能有水的地方用蹄子刨土，直到地下水出现。有时，它们还能挖出1米多深的“水井”，不仅能供自身饮水，还能为其他动物饮水提供方便。

大百科小贴士

- 斑马的条纹在阳光或月光的照射下，会反射出不同的光，令人很难分辨。
- 斑马的叫声就像驴叫一样难听，与它们美丽的外表很不相称。
- 斑马的后腿非常有力，它猛地一蹬就能给狮子致命一击。

鬣狗

鬣狗生活在热带和亚热带的稀树草原和荒漠地带。它们长得很像狗，但头比狗更短、更圆，棕色的毛发上有许多不规则的黑褐色斑点，前腿长，后腿短，看起来既丑陋又古怪。

食腐动物

鬣狗有大大的眼睛和长长的茸尾，它们的下巴极为有力，能咬碎骨头，吸取里面的骨髓。鬣狗常常单独或成群出没，昼夜活动。它们通常以大型食肉动物的残羹剩饭为食，也食用兽类腐烂的尸体。

“草原清道夫”

如果找不到现成的食物，饥肠辘辘的鬣狗群也会进行大规模的狩猎。它们经常通过集体协作来捕获体形较大的猎物，然后吞吃动物尸体，连骨头也不剩下，所以被称为“草原清道夫”。

◐ 雌性鬣狗做首领 >>>>>>>

鬣狗群的首领是一只体格强壮的雌鬣狗，所有成员都无条件地听从其指挥。当它们捕猎成功后，首先享用食物的是首领，其他成员哪怕饥肠辘辘，也得站在一边等待，再按照等级依次进食。

◐ 尽职的好妈妈 >>>>>>>

雌鬣狗每胎生育一两只幼崽，小鬣狗出生时体重约1.5千克，它们在妈妈的肚子里已经发育了3个半月，长了牙齿，眼睛也可以睁开。鬣狗妈妈把幼崽藏在洞穴里，狩猎回来，就躺在洞口让孩子吃奶。

大百科小贴士

- 鬣狗像牛羊等食草动物一样，具有反刍的能力。
- 鬣狗的叫声很像人类“咯咯”的尖笑声。
- 雌鬣狗比雄鬣狗的体形更大，更具攻击性。

角马

角马生活在非洲大草原上，它们的头像牛，身体像马，蹄子像羊，尾巴像驴，就像由不同动物的身体拼凑起来的怪物。

草原割草机

角马过着群居生活，它们每天要花费16~20个小时进食。角马就像一台台巨大的割草机，很快就能把一片广阔的草原啃食干净，然后，它们就会移动到另一片草原。每年四五月份，角马群会跟随降雨云进行大迁徙。

角马大迁徙

角马群的迁徙是草原上最壮观的景象之一。130万只角马连绵数十千米，浩浩荡荡。大迁徙全程长达3000千米，其间角马群将经过乱石滩、河流、沼泽地，冒着被狮子、斑鬣狗和鳄鱼吃掉的危险，才能抵达水草丰美的目的地。

角马御敌

在迁徙期间，角马常会与斑马群混居一起，利用斑马出色的视力尽早发现敌害。有时候，角马群会组成一个方阵，把小角马包围起来，以免受到鳄鱼的攻击。在走投无路的时候，角马会用并不锋利的犄角顶向掠食者的肚子。

奔跑的角马

角马一生都在奔跑，它们在奔跑中成长、生活。小角马出生 5 分钟后就能站立，15 分钟后就能奔跑，仅一天的工夫就能跟上角马群移动的速度。角马的奔跑速度可达每小时 60 千米以上，如果不是突然袭击或集体合围，狮子和斑鬣狗是无法捕捉到它们的。

大百科小贴士

- 角马的鼻子特别灵敏，能闻到远方雨水的气息，从而找到好的草场。
- 角马群渡河的时候，鳄鱼是它们最大的敌人。角马会以少数成员的牺牲换取大部队的成功渡河。
- 据统计，每年约有 5 万只角马倒毙在大迁徙途中，成为食肉动物的大餐。

犀牛

犀牛体形巨大，躯体显得很笨重，四肢粗壮得就像短短的柱子。它们的皮和铠甲一样厚，脸上还长着一两只锋利的角。

大型食草动物

犀牛的视力很差，只能靠灵敏的听觉和嗅觉生活。所有的犀牛都是食草动物，以杂草或树叶为食，喜欢细嚼慢咽。犀牛的皮肤极为坚韧，在肩胛、颈下和四肢关节处都有褶缝，可以让头和四肢灵活地活动。

爱好和平

犀牛虽然躯体庞大，相貌丑陋，却是胆小无害、很少伤人的动物。它们宁愿躲避也不愿战斗。不过一旦受伤或陷入困境，它们就会变得异常凶猛，会盲目地冲向敌人，锋利的尖角会让敌人落荒而逃。

爱洗泥巴浴

犀牛喜欢在泥塘里翻滚，直到浑身上下糊了一层泥巴才肯上岸。犀牛洗泥巴浴可不是为了好玩，因为它们的皮肤有很多褶皱，散发的气味容易招蚊虫叮咬。在泥巴里洗过之后，泥巴填满褶皱，就不那么容易招蚊虫叮咬了。

可爱的牛椋鸟

牛椋鸟常常陪伴在犀牛左右，是它们忠实的好朋友。因为犀牛的身上有许多寄生虫，所以我们总是可以看到牛椋鸟在犀牛背上蹦蹦跳跳，甚至毫不客气地爬到犀牛的嘴巴或鼻尖上去，不断地啄食小虫，把犀牛伺候得舒舒服服。

大百科小贴士

- 犀牛是陆地上体形仅次于大象的第二大哺乳动物。
- 白犀牛是个头最大的犀牛，被称为“犀牛之王”，体重可达两三吨。
- 危险来临的时候，牛椋鸟会惊叫着飞走，向犀牛发出警报。

狐狸

狐狸有浓密的毛发和蓬松的长尾巴，嘴巴和耳朵很尖。在童话故事中，狐狸是又狡猾又奸诈的角色，现实中的它们也确实比很多动物都更加聪明。

狐和狸

我们平常说的狐狸其实应该叫“狐”，“狸”是另外一种动物。狐和狸的外形很像，而且都是晚上出来活动，所以人们才把它们混为一谈。其实，狐比狸要大一些，身体瘦一些。而狸的身体胖乎乎的，眼睛周围还有一片黑色的花纹。

狡猾的狐狸

狐狸的食物包括老鼠、松鼠、兔子和小鸟等小动物以及所有的水果。狐狸跑得不快，所以它们常常会假装打架，把小动物吸引到身边，然后突然袭击，捕食它们。当它们遇到人类的时候，还会倒地装死，非常聪明。

◐ 喜欢独居 >>>>>>

狐狸平均每胎可产崽5只，当小狐狸可以独自捕食的时候，狐狸妈妈就把它们全部赶出家门。如果小狐狸赖在家里不走，狐狸妈妈就会又咬又赶，毫不留情。除了繁殖季节，狐狸常独居，只有保卫领地时，它们才会联合成群，共同抵御外敌。

◐ 北极狐 >>>>>>

北极狐能在－50℃的冰原上生活，厚厚的双层皮毛可以帮助它们度过寒冬。北极狐通常以小型啮齿类动物为食，也吃鱼类和被海水冲上岸的动物尸体。冬天，北极狐还会跟在北极熊身后，吃它们剩下的食物。

大百科小贴士

- 狐狸有种奇怪的行为，它们会跳进鸡舍，将鸡全部咬死，最后却只叼走一只。
- 狐狸的肛部两侧各生有一腺囊，能施放奇特的臭味。
- 有时候，狐狸也会假装追着自己的尾巴玩耍，吸引猎物主动上门。

狼

狼是一种群居动物，它们与家族成员生活在一起，相互照顾，共同捕猎。

共同捕猎的狼

狼不仅善于群体协作，还具备令人惊叹的耐心。它们可以为了一个目标耗费相当长的时间。在狼群中，身体最强壮、最有智慧的狼被推举为“狼王”。狼王指挥狼群进行捕猎，然后把猎物分配给每一头狼。

发光的眼睛

在漆黑的深夜里，狼的眼睛会发出绿幽幽的光。因为狼的瞳孔深处有一层薄膜，能把收集到的光反射出去。正是这双能“发光”的眼睛，使狼能够看清黑暗中的东西。

锐利的牙齿

狼的牙齿极为尖利。发现猎物后，狼会猛扑上去，用牙齿咬住猎物的喉咙，直到把猎物咬死。接着，它们用牙齿把猎物的尸体撕成碎片，吞食下去。正是这种捕食习惯，使得狼的牙齿不仅坚固，而且又长又尖。

可怕的狼嚎

狼常常会在夜晚嗥叫，这并不是为了吓唬人，而是在联系同伴、传递信息。比如，母狼常发出叫声来呼唤小狼，公狼又利用叫声来呼唤母狼。通过相互间的嗥叫，狼与其他家族成员联系沟通，配合猎食。

大百科小贴士

- 在繁殖期，狼也会通过嗥叫来寻找配偶。
- 狼遇到比自己强大的同伴时，就四脚朝天地躺着，表示服从。
- 狼在单独行动时，不敢攻击大型猎物。

北极熊

北极熊是北极地区最大的动物，也是世界上最大的熊。体形最大的北极熊身长可达2.7米，肩高达1.3米，重约750千克。因此，它们被称为“北极圈之王”。

雪白的毛发

冬季，北极熊全身雪白，与北极地区的冰雪浑然一色。虽然北极地区气候寒冷，但它们浑身长满了毛，就连耳朵和脚掌也长着毛，比人戴帽子、穿棉鞋暖和得多。

北极的游泳健将

北极熊喜欢在北极冰冷的海水中游泳或潜水，有时能一连游四五个小时。它们靠前肢划水来前进。因为全身厚厚的皮毛具有防水功能，所以北极熊毫不畏惧冰冷的海水，常在浮冰间来回游动。

海豹的克星

北极熊最爱吃的是海豹。循着海豹散发出的气味，北极熊能找到它露出水面呼吸的冰窟窿，然后一动不动地盯着水面。等海豹一探出头，北极熊就一巴掌拍下去把海豹打晕，然后把它拖出水面，饱餐一顿。

挖个雪窝生宝宝

北极熊在冰上的雪堆中挖洞做窝，然后在洞口修一堵雪墙挡风。母熊庞大的身躯能释放出热量，温暖雪窝。刚出生的小熊只有老鼠那么大，只能偎依在母熊的怀里取暖。母熊的乳汁营养丰富，小熊很快就能长大。

大百科小贴士

- 北极熊的食物包括老鼠、北极狐、海鸟和鱼虾等。
- 北极熊的嗅觉非常灵敏，能闻到千米之外猎物的味道。
- 北极熊的皮毛仿佛一根空心管子，能把阳光照射到身上的热能全部吸收。

大熊猫

大熊猫憨态可掬、性情温和，一般不会主动攻击其他动物。遇到危险时，它们会赶快逃跑。

和平使者>>>>>>

大熊猫是中国特有的珍稀动物，是和平友好的使者。作为中国国宝的大熊猫现在已经成为全世界的动物明星，并且在国外安家落户，在中国与许多国家之间架起了友谊的桥梁。

大吃大喝>>>>>>

大熊猫天生喜欢吃竹子和竹笋。它们走到哪里，就吃到哪里、睡到哪里。吃东西的时候，大熊猫会像人一样坐在地上，用有力的牙齿把食物咬碎。吃饱后，大熊猫还需要喝很多水。它们每天至少喝一次水，而且绝不会选择缺少水源的地方安家。

可怕的天敌>>>>>>

大熊猫性情温和、与世无争。有一些掠食性动物偶尔会猎食大熊猫。但是由于成年大熊猫体形很大，生起气来也很厉害，所以一般只有大熊猫的幼崽和年老体弱的大熊猫会受到天敌的威胁。

严重的生存危机

大熊猫每次只产一只小宝宝，即使产下两只往往也只能抚养其中一只。刚出生的熊猫宝宝体重只有妈妈的千分之一，非常脆弱，容易因缺乏营养、患病或遭遇天敌而死去。目前，适合大熊猫生活的地方越来越少，它们面临着严重的生存危机。

大百科小贴士

- 大熊猫一般两年才繁殖一次。
- 大熊猫是爬树高手，有时候它们就在树梢上睡觉。
- 大熊猫每天用一半的时间进食，剩下的时间都在睡觉。

虎

虎属于大型猫科动物，视觉、听觉和嗅觉极其灵敏。虎的体形比狮子大，是真正的“百兽之王”。

虎的食量

虽然力量强大，但虎不擅长追赶。所以，如果袭击一次不成，猎物往往会逃脱。虎平均伏击 20 次才能成功一次，经常饿肚子。不过一旦捕猎成功，它一次就能吃下 17~22 千克的肉，然后长达 1 个星期不用进食。

神奇的尾巴

虎的尾巴长 1 米左右，又粗又硬，就像一根大铁棒。虎不仅能用它与其他同类进行交流，而且还可以把它作为攻击的武器。攻击猎物时，虎会抡起又粗又长的尾巴，把猎物打晕。

昼伏夜出

傍晚是虎出动的时间。它不断巡视，寻找最佳地点伏击猎物，直到天亮。如果运气不好，没碰到合适的猎物，虎就会走上整整

一个晚上。到了白天，疲惫的虎会在阴凉的洞穴或密林深处打盹，养足精神晚上再出发。

温柔的雌虎

养育后代的责任由雌虎承担，直到小老虎两岁才分开。所以成年雌虎身边几乎一直有小虎跟随。雌虎会带活的猎物回来，训练小虎的捕食能力。它们也会很耐心地和小虎一起玩耍，关系十分亲密。

大百科小贴士

- 每只老虎都有自己的领地，它会用尿液、分泌物等作为标记，警告同类不要侵犯自己的领地。
- 攻击猎物时，虎的耳朵会竖起来，露出耳后的白毛。
- 虎喜欢死死地咬住猎物的脖子，然后拖到安全的地方再吃。

狮子

狮子身披金黄色的短毛外衣，雄狮还长着一头浓密的“秀发”。它们体形庞大，协同合作进行捕猎，是非洲大草原上的霸主。

群居的狮子

狮子是群居动物，狮群由一头雄狮、几头雌狮和一些幼狮组成，每个狮群都有一定的活动区域。狮子的听觉和嗅觉灵敏，动作灵活，能爬树，善跳跃，奔跑速度很快，但是耐力有限。

能吃又能睡

狮子一次可以吃下40千克肉，相当于自己体重的五分之一。吃饱以后，狮子把剩下的东西留给其他动物，自己则心满意足地休息。

伏击高手

因为雄狮头上的长鬃毛太显眼，所以捕猎的任务就由雌狮承担。狮子在捕猎的时候，喜欢打“伏击战”。它们隐藏在草丛后面，然后悄悄地靠近毫无防备的猎物，突然发起进攻，捕获猎物。

狮子的敌人

狮子也有被敌人袭击的时候，幼狮就经常会被鬣狗捕杀。犀牛也非常厉害，能对狮子的生命构成威胁。有时，狮子也会因猎物反击而受伤，甚至死亡。此外，狮子也遭到人类的捕杀，种群数量不断减少。

大百科小贴士

- 在所有的猫科动物中，只有狮子是成群生活在一起的，而且能够和睦相处。
- 如果狮群能够一次性捕获足够多的食物，那就可以五六天都不再捕食。
- 幼狮享受雌狮 3 年的庇护后，就要离开狮群独立生活。

豹

豹是跑得最快的陆地动物。它们的脊椎骨十分柔软，容易弯曲，就像一根大弹簧，跑起来身体中间一起一伏，像汽车一样快。

金钱豹 >>>>>>

在所有种类的豹中，金钱豹的花纹最漂亮，好像古代的铜钱。金钱豹在捕猎时，会先埋伏在树上，等猎物从树下路过时就跳下去抓住它。抓住猎物后，金钱豹会将猎物挂在树上，慢慢享受美味。

非洲豹 >>>>>>

非洲豹的皮毛呈浅黄色或者金黄色，上面布满了黑色的斑点。皮毛底色和斑点所形成的图案为它们提供了完美的伪装。一只非洲豹也许就藏在离你只有几米远的地方对你虎视眈眈，你却根本不知道。

◐ 亚洲黑豹 >>>>>>

亚洲黑豹全身乌黑发亮,如果走近看,可以看到黑豹黑皮毛上斑点的轮廓。在马来西亚,这种黑色的猫科动物是雨林中唯一的豹类。科学家认为它们可能是患了一种叫作“黑变病”的疾病,导致它们通体呈黑色。

◐ 猎豹 >>>>>>

虽然猎豹看起来比其他豹瘦弱,实际上却非常强壮。猎豹与其他猫科动物不同:爪子不能自由伸缩。但是这样可以加大它们在奔跑时的抓地力,增强捕猎时的攻击速度。

大百科小贴士

- 豹的胡须像感应器一样帮助豹在夜间探寻道路。
- 世界上每一只豹都有自己独特的斑点图案,就像人的指纹一样各不相同。
- 豹喜欢藏在高处察看猎物的行踪。

金丝猴

金丝猴的尾巴和身体差不多长，瘦长的身体上长着柔软的金色长毛，最长可达30多厘米，披散下来就像一件金黄色的“披风”。

金丝猴的习性

金丝猴生活在海拔1400~3000米的森林里，分布地区几乎与大熊猫重合。它们主要在树上生活，偶尔也在地面找东西吃。有趣的是，金丝猴吃东西时喜欢吧嗒嘴，让人觉得它们吃得特别香。它们过群居生活，最大的群体有超过600个成员，在灵长类动物中十分罕见。

川金丝猴

川金丝猴生活在四川的原始森林里。它们身披浓厚的金灰色或金黄色背毛，长度可达20多厘米，脸庞呈蓝色，鼻孔斜向上翘，所以又名“仰鼻猴”。川金丝猴以树叶、野果、嫩枝芽等为食，有时也吃苔藓。

滇金丝猴

滇金丝猴主要分布于云南和西藏的高山地带。它们背披黑毛，臀部、腹部和胸部有白毛，面部粉白有致，嘴唇宽厚而红艳，非常可爱。滇金丝猴行动敏捷，主要以松萝、苔藓、地衣、禾本科和莎草科的植物为食。

黔金丝猴

黔金丝猴主要分布在贵州梵净山一带。它们的体形近似川金丝猴，但比川金丝猴稍小，头顶前部的毛呈金黄色，后部逐渐变为灰白色。黔金丝猴栖息于海拔1700米以上的山地阔叶林中，主要在树上活动，以多种植物的叶、芽、花、果及树皮为食。

大百科小贴士

- 每个金丝猴群中都有一只猴王，它拥有至高无上的权力。
- 金丝猴是中国特有的珍稀动物之一，与大熊猫齐名，同属“国宝”。
- 金丝猴的发现者与大熊猫的发现者是同一个人。

狒狒

狒狒的面部多呈黑色，额头突出，成年雄性狒狒的牙齿长而尖，身上长满橄榄褐色的长毛。它们喜欢过群居生活，团结好斗。

小狒狒

小狒狒出生时，许多狒狒都会前来凑热闹。起初，小狒狒每天都待在雌狒狒的怀中，要过一段时间才能下地。7个月后，小狒狒的毛色变为棕色，这时，它们就会被送到“托儿所”，由专门照顾幼崽的成员照顾。

捉虱子和梳理皮毛

捉虱子和梳理皮毛是狒狒特别喜爱的活动。通常，这种活动是在两只狒狒间交替进行的。休息时，它们会认真地用“手”将对方皮毛中的脏物取出，或者用牙齿咬死发现的寄生虫。

群居生活

一群狒狒往往有几十只到上百只，每群狒狒都由一只身体最强

壮、个头最高大、毛色最漂亮的雄狒狒担任首领。这是一个等级分明的群体，规矩很多，首领的地位至高无上。

御敌 >>>>>>

狒狒群在集体行动时，首领、雌狒狒和小狒狒通常处于群体的中心位置，雄狒狒则在外围。如果遭遇敌人，首领便率领雄狒狒迎战。它们先展示锐利的獠牙恐吓敌人，如果敌人没有退缩，它们便会和敌人打斗，直到把对方赶走。

大百科小贴士

- 狒狒分布在非洲中部和西亚。
- 狒狒是一种杂食动物，什么都吃。
- 狒狒甚至敢和狮子作战。

大猩猩

大猩猩是体形最大的猿类动物，它们浑身长满黑毛，满脸皱纹，看上去很吓人，但实际上，它们是温和的素食动物，不喜欢争斗。

天生敏感

大猩猩天生敏感。如果它们感受到威胁，就会不安地大声吼叫或捶打胸部。虽然看上去很凶，但其实它们很少主动攻击人类。

生活习性

大猩猩白天活动，它们每天天一亮就外出觅食，一餐大约要吃2小时。然后它们会休息一段时间，下午再出来活动和觅食，直到傍晚。

群居生活

大猩猩是群居动物。每个群体由一只年长的雄性大猩猩作首领，因为它们的背毛呈银灰色，所以被称为银背大猩猩。大猩猩群体成员都能和睦相处，它们通过面部表情以及30多种不同的叫声来传递信息、表达情感。

天敌与疾病

大猩猩在夜间睡觉时常常会被豹子偷袭，所以它们的巢筑得很坚固。巢以银背大猩猩为中心，幼崽与雌性大猩猩睡在巢里，以减少危险。但对大猩猩威胁更大的是肺炎、寄生虫等疾病。

大百科小贴士

- 大猩猩站起来一般有 2 米多高，喜欢用捶胸的方式表达情感。
- 因为身体太重，大猩猩只有晚上睡觉的时候才爬到树上去。
- 现在，世界上共有 2 种大猩猩，全部生活在非洲。

图书在版编目(CIP)数据

动物世界大百科 / 李翔编. -- 长春:吉林出版集团股份有限公司, 2020.1
(儿童成长必读经典)
ISBN 978-7-5581-4075-4

Ⅰ.①动… Ⅱ.①李… Ⅲ.①动物－儿童读物
Ⅳ.①Q95-49

中国版本图书馆 CIP 数据核字(2019)第 232501 号

DONGWU SHIJIE DA BAIKE

动物世界大百科

编　　者：李　翔
出版策划：孙　昶
选题策划：赵晓星
责任编辑：金佳音

出　　版：吉林出版集团股份有限公司
（长春市福祉大路 5788 号龙腾国际，邮政编码:130118）
发　　行：吉林出版集团译文图书经营有限公司
（http://shop34896900.taobao.com）
电　　话：总编办 0431-81629909　　营销部 0431-81629880/81629881
印　　刷：长春彩聚印务有限责任公司

开　　本：889mm × 1194mm 1/24
印　　张：8
字　　数：100 千字
版　　次：2020 年 1 月第 1 版
印　　次：2020 年 1 月第 1 次印刷
书　　号：ISBN 978-7-5581-4075-4
定　　价：25.00 元

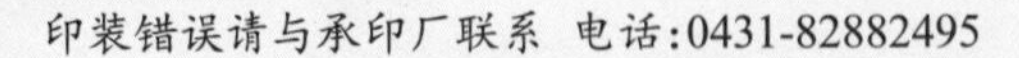

印装错误请与承印厂联系 电话:0431-82882495